高等学校建筑环境与能源应用工程专业规划教材

建筑环境与能源应用工程实验指导

Experimental Instruction to Building Environment and
Energy Engineering

范 军 主 编

刘 惠 李清清 胡玉秋 刘小春 副主编

U0213974

中国建筑工业出版社

图书在版编目（CIP）数据

建筑环境与能源应用工程实验指导/范军主编. —北京：中国建筑工业出版社，2016.2
高等学校建筑环境与能源应用工程专业规划教材
ISBN 978-7-112-18808-6

Ⅰ.①建… Ⅱ.①范… Ⅲ.①建筑工程-环境管理-高等学校-教材 Ⅳ.①TU-023

中国版本图书馆 CIP 数据核字（2015）第 293519 号

本书包含了《工程热力学》、《传热学》、《流体力学》、《流体输配管网》、《热质交换原理》、《空调用制冷技术》、《暖通空调》、《锅炉与锅炉房工艺》、《建筑环境测试技术》、《供热工程》、《通风工程》中的课程实验，总共 36 个实验。通过本书的实践训练，可以使学生熟悉实验的目的和要求、实验装置及原理、实验方法及步骤、实验数据的采集、记录和分析整理。深刻理解为了实现所测试任务而采取的方法、仪器、设备和常用实验设备的使用方法以及对实验过程中可能出现的问题的处理。使学生学会分析和处理实验资料和数据，并写出完整的实验报告，为将来从事科学研究和生产实践打下良好的基础。

责任编辑：姚荣华　张文胜
责任校对：李欣慰　赵　颖

高等学校建筑环境与能源应用工程专业规划教材
建筑环境与能源应用工程实验指导
范　军　主　编
刘　惠　李清清　胡玉秋　刘小春　副主编

*

中国建筑工业出版社出版、发行（北京西郊百万庄）
各地新华书店、建筑书店经销
霸州市顺浩图文科技发展有限公司制版
北京市书林印刷有限公司印刷

*

开本：787×1092 毫米　1/16　印张：9　字数：209 千字
2016 年 1 月第一版　2016 年 1 月第一次印刷
定价：**25.00 元**
ISBN 978-7-112-18808-6
(28028)

前　　言

　　建筑环境与能源应用工程专业实验是该专业的一门重要专业实践课程。旨在加强学生对基本理论的理解，锻炼学生动手能力，培养学生通过实验设计和实验结果分析、加深对所学知识的理解和综合运用能力；培养学生综合分析、解决问题的能力、理论联系实际的能力以及严谨、扎实的工作作风。本书包含了《工程热力学》、《传热学》、《流体力学》、《流体输配管网》、《热质交换原理》、《空调用制冷技术》、《暖通空调》、《锅炉与锅炉房工艺》、《建筑环境测试技术》、《供热工程》、《通风工程》中的课程实验，总共 36 个实验。

　　本课程的任务是通过进一步的实践训练，使学生熟悉实验的目的和要求、实验装置及原理、实验方法及步骤、实验数据的采集、记录和分析整理。深刻理解为了实现所测试任务而采取的方法、仪器、设备和常用实验设备的使用方法以及对实验过程中可能出现的问题的处理。使学生学会分析和处理实验资料和数据，并写出完整的实验报告，为将来从事科学研究和生产实践打下良好的基础。

　　学生提交的实验报告，包括完整的实验数据记录、完整的实验数据处理过程、对实验过程可能存在的问题的处理方法，对结论的分析及有关问题的解答。

　　可以根据教学的需要选择书中 36 个实验的部分或全部，在实验室内集中完成，时间为 1～2 周，安排在各专业课程开设完毕或开设过程中进行。要求上课前认真预习实验教材，实验过程中积极参与，实验完毕后认真处理实验报告，达到该课程的预期目标。

目　录

实验一　二氧化碳临界状态观测及 *P-V-T* 的测定

一、实验目的及要求

1. 了解 CO_2 临界状态的观测方法，增强对临界状态的感性认识。

2. 掌握 CO_2 气体 *P-V-T* 关系的测定方法，学会利用实验测定实际气体状态变化规律的方法和技巧。

3. 加深对工质热力状态、凝结、汽化、饱和状态等基本概念的理解。

4. 学会正确使用活塞式压力计、恒温器等热工仪器。

二、实验内容

1. 测定 CO_2 气体 *P-V-T* 的关系。记录 CO_2 在低于临界温度（$t=20℃$）、临界温度（$t_c=31.1℃$）和高于临界温度（$t=35℃$）三种等温条件下，压力与比容的变化关系，在 *P-V* 图中绘出等温曲线，并与图 1-3 中的标准等温线进行比较。绘出饱和温度与饱和压力之间的对应关系曲线，并与图 1-4 中的标准曲线进行比较。

2. 观测 CO_2 的临界状态。观测 CO_2 临界乳光、临界状态附近汽液两相模糊的现象以及汽液整体相变现象。测定 CO_2 的 t_c、p_c、v_c 等临界参数，并将实验所得的 v_c 值与理想气体状态方程和范德瓦尔方程的理论值进行比较。

三、实验装置

实验装置主要由恒温器、实验台本体和压力台三部分组成，如图 1-1 所示。

实验台本体如图 1-2 所示。通过恒温器调节水套里的水温，并保持温度的恒定。借助压力台将压力油送入高压容器和玻璃杯上半部，迫使水银进入预先装了 CO_2 气体的承压玻璃管，CO_2 被压缩，摇动压力台上活塞杆进、退，改变 CO_2 压力和比容。

实验工质 CO_2 的温度由插在恒温水套中的温度计读出。压力由压力台上的压力表读出，如要提高精度，可由加在活塞转盘上的平衡砝码读出，并考虑水银柱高度的修正。比容首先由承压玻璃管内二氧化碳的高度来度量，然后换算得出。

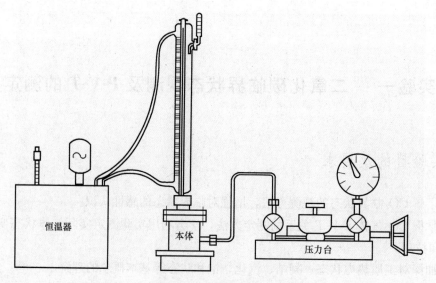

图 1-1 实验装置示意图

1—恒温器；2—实验台本体；3—压力台

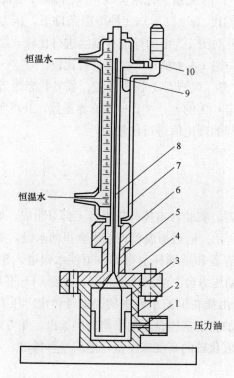

图 1-2 实验本体示意图

1—高压容器；2—玻璃杯；3—压力油；4—水银；5—密封填料；
6—填料压盖；7—恒温水套；8—承压玻璃管；9—CO_2空间；10—温度计

四、实验原理

对于简单可压缩热力系统，当工质处于平衡状态时，其状态参数 P、V、T 之间有如下关系：

$$F(P,V,T)=0$$
$$\text{或 } t=f(P,V) \tag{1-1}$$

本实验就是根据式（1-1），采用定温的方法测定 CO_2 气体 P-V 之间的关系，从而找出 CO_2 气体 P-V-T 的关系。

五、实验方法及步骤

1. 按照图 1-1 连接实验装置，开启实验本体上方的日光灯。

2. 使用恒温器调定温度。

（1）将蒸馏水注入恒温器内，距离顶盖 3～5cm 时为止。检查并接通电路，开启恒温器内的电动泵，使水循环对流。

（2）旋转电接点温度计顶端的帽形磁铁，调动凸轮指示标使凸轮上端面与所要调定温度一致，然后将帽形磁铁用横向螺钉锁紧，以防转动。

（3）根据水温的情况，开关加热器。当水温未达到要求温度时，恒温器指示灯是亮的，当指示灯时亮时灭时，说明温度已达到所需温度。

（4）观察玻璃水套上的两支温度计，若读数相同且与恒温器上的温度计及电接点温度计标定的温度一致时（或基本一致时），则可（近似）认为承压玻璃管内的 CO_2 的温度处于所标定的温度。

（5）当需要改变实验温度时，重复步骤（2）-（4）。

3. 加压。

因为压力台的油缸容量比主容器容量小，需要多次从油杯里抽油，再向主容器充油，才能在压力表上显示出压力读数。压力台抽油、充油的操作过程非常重要，若操作失误，不但加不上压力，还会损坏实验设备。加压步骤如下：

（1）关闭压力表及进入本体油路的两个阀门，开启压力台上油杯的进油阀。

（2）摇退压力台上的活塞螺杆，直至螺杆全部退出，这时压力台油缸中抽满了油。

（3）关闭油杯阀门，开启压力表和进入本体油路的两个阀门。

（4）摇进活塞螺杆，向本体充油，如此反复，直至压力表上有压力读数为止。

（5）再次检查油杯阀门是否关好，压力表及本体油路阀门是否开启，若均已稳定方可进行实验。

4. 记录数据。

（1）设备数据记录。包括：仪器仪表的名称、型号、规格、量程、精度。

（2）常规数据记录。包括：室温、大气压、实验环境情况等。

（3）测定承压玻璃管内 CO_2 的质面比常数 K。

由于不容易测得承压玻璃管内 CO_2 的质量，而且玻璃管内径或截面积也不易测准，因而采用间接的方法测定 CO_2 的比容。

1）已知 CO_2 液体在 $20℃$，$100at$ 时的比容。

2）借助实验台，测出 CO_2 的液体在 $20℃$，$100at$ 时管内的液柱高度 $\Delta h(m)$（请注意玻璃水套上刻度的标记方法）。

3）认为 CO_2 的比容与其在管内的高度呈线性关系。根据 $v(20℃,100at)=0.00117m^3/mg$，$CO_2$ 在本实验台中的质面比 K 为：

$$K=\frac{m}{A}=\frac{\Delta h}{0.00117}(mg/m^2) \tag{1-2}$$

则任意温度，任意压力下 CO_2 的比容 v 为：

$$v=\frac{\Delta h}{m/A}=\frac{\Delta h}{k}(m^3/mg) \tag{1-3}$$

其中：

$$\Delta h=h-h_0 \tag{1-4}$$

式中　h——任意温度、任意压力下水银柱高度；

h_0——承压玻璃管内径顶端刻度。

（4）实验中应注意以下几点：

1）实验压力 $P\leqslant 100at$，实验温度 $t\leqslant 50℃$。

2）实验中压力间隔可取 $5at$，但在接近饱和状态和临界状态时，建议压力间隔取 $0.5at$。

3）读取 h 时，应注意视线与水银柱半圆形液面的中间相切。

5. 测定低于临界温度的等温线，以及饱和温度与饱和压力的关系。

（1）使用恒温器调定 $t=20℃$，并维持恒定。

（2）实验数据记录从压力 $P=45at$ 开始，当玻璃内水银升起来后，缓慢地摇进活塞螺杆，以保证定温条件，否则来不及平衡，读数不准。

（3）按照适当的压力间隔读取 h 值，直至压力 $P=100at$。

（4）注意加压后 CO_2 性质的变化，特别注意饱和压力与饱和温度的对应关系、液化、汽化等现象。将测得的实验数据及观察到的现象一并填入表 1-1。

（5）仿照步骤（1）～（4）测定 $t=25℃$，$t=27℃$ 时饱和温度与饱和压力的关系。

6. 测定临界等温线和临界参数，观察临界现象。

（1）仿照步骤5，测出临界等温线，并在该曲线的拐点处找出临界压力 P_c 及临界比容 V_c，并将数据填入表 1-1。

CO_2 等温实验数据记录 　　　　　　　　　　　　　　　　表 1-1

	$t=20℃$				$t=31.1℃$（临界）				$t=35℃$		
$P(at)$	Δh	$v=\frac{\Delta h}{K}$	现象	$P(at)$	Δh	$v=\frac{\Delta h}{K}$	现象	$P(at)$	Δh	$v=\frac{\Delta h}{K}$	现象
45											
50											

$t=20℃$				$t=31.1℃$（临界）				$t=35℃$			
$P(at)$	Δh	$v=\dfrac{\Delta h}{K}$	现象	$P(at)$	Δh	$v=\dfrac{\Delta h}{K}$	现象	$P(at)$	Δh	$v=\dfrac{\Delta h}{K}$	现象
100											
实验所需时间											
	分钟				分钟				分钟		

（2）观察临界现象。

1）临界乳光现象。

保持临界温度不变，摇进活塞杆使压力升至 78at 附近处，然后迅速摇退活塞杆（注意勿使本体晃动）降压，在此瞬间玻璃管内将出现圆锥状乳白色闪光现象，这就是临界乳光现象。这是由于 CO_2 分子受重力场作用沿高度分布不均匀以及光的散射造成的。反复操作几次，观察这一现象。

2）汽、液两相模糊不清的现象。

处于临界点状态的 CO_2 具有共同参数（P_c，V_c，T_c），因而不能区别此时 CO_2 是气态还是液态。如果说它是气体，那么这个气体是近液态的气体；如果说它是液体，那么这个液体又是近气态的液体。下面将用实验来证明这个结论。因为此时 CO_2 处于临界温度，如果按等温过程对 CO_2 进行压缩或膨胀，管内什么也看不到，需要按照绝热过程来实验。

首先将压力 P 维持在 78at 附近，突然降压，CO_2 状态由等温线沿绝热线降到液态区，管内 CO_2 出现了明显的液面，这就说明，这种气体状态十分接近液态区，可以说是近液态的气体；当突然压缩 CO_2 时，这个液面又立即消失了，这种现象告诉我们此时 CO_2 的液态离气态区也是非常近的，可以说是近气态的液体。此时的 CO_2 既接近气态又接近液态，所以只能处于临界点的附近。这就是临界点附近饱和汽液模糊不清的现象。

7. 测定高于临界温度时的等温线。

将温度恒定在 35℃，仿照步骤 5 进行实验，将实验数据及实验现象填入表 1-1。

六、实验数据记录及处理

1. 设备数据记录

（1）压力表校验器：

（2）恒温槽：

（3）温度计：

2．常规数据记录

　　　　室温：　　　　　　　　　　　　　　大气压：

3．质面比常数 K

$$\Delta h(20℃,100at)=　　　　　　　　K=$$

4．实验数据及实验现象记录

饱和温度与饱和压力：

$t=25℃$

$t=27℃$

5．绘制等温线。

（1）根据表 1-1 的数据，在图 1-3 中绘出三条等温线。

（2）将实验测定的 CO_2 等温线与图 1-3 所示的理论等温线比较，分析差异及原因。

6．将实验测得的 CO_2 饱和温度与饱和压力的关系在图 1-4 中绘出，并与图 1-4 绘出的

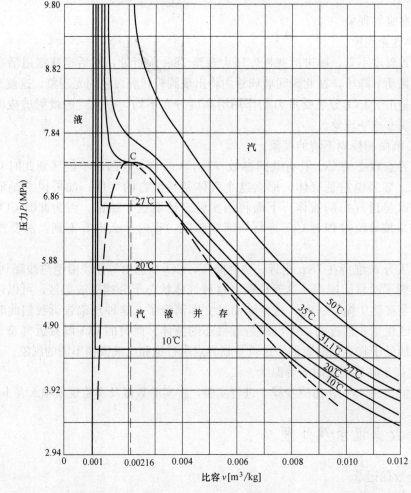

图 1-3　CO_2　P-V 曲线

t_s-p_m 理论曲线相比较，分析差异及原因。

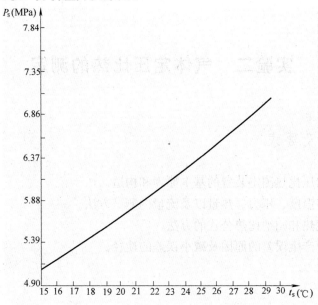

图 1-4 CO_2 饱和温度与饱和压力关系曲线

7. 将实验测定的 CO_2 临界比容填入表 1-2，分别按照理想气体状态方程和范德瓦尔方程计算 CO_2 临界比容，分析差异及原因。

CO_2 临界比容 v_c （m^3/mg）   表 1-2

标准值	实验值	$v_c = \dfrac{RT_c}{P_c}$	$v_c = \dfrac{3}{8}\dfrac{RT_c}{P_c}$
0.00216			

8. 简述实验收获及对实验的改进意见。

答：

实验二　气体定压比热的测定

一、实验目的及要求

1. 了解气体定压比热测定装置的基本原理和构造。
2. 熟悉实验中温度、压力、热量以及流量的测试方法。
3. 掌握计算比热和归纳比热公式的方法。
4. 分析实验中产生误差的原因及减小误差的途径。

二、实验内容

1. 测定实验室空气中干空气的定压比热。
2. 归纳干空气定压比热与温度的变化关系。

三、实验装置

1. 实验装置主要由风机、流量计、比热仪本体、电功率调节及测量系统四部分组成,如图 2-1 所示。

2. 比热仪本体示意图如图 2-2 所示。

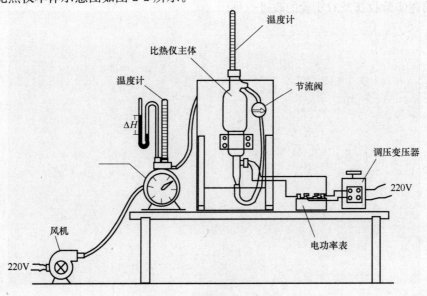

图 2-1　实验装置示意图

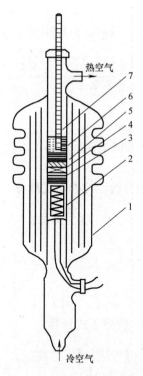

图 2-2　比热仪本体示意图

1—多层杜瓦瓶；2—电热器；3—均流网；4—绝缘垫；5—旋流片；6—混流网；7—出口温度计

3. 空气（或其他气体）由风机经流量计送入比热仪本体，经过加热、均流、旋流、混流，测温后流出。气体流量由节流阀控制，气体出口温度由电加热器的输入电压调节。

4. 该比热仪可测 300℃ 以下气体的定压比热。

四、实验原理

电加热器向比热仪提供的热量 Q 被空气吸收，其中干空气吸收 Q_a，水蒸气吸收 Q_v。电加热器消耗的功率按照输入电压和电流的乘积计算，但要考虑电表的内耗。如果伏特表和毫安表采用图 2-1 所示的接法，则应减掉毫安表的内耗，则电加热器单位时间放出的热量 Q（kW）为：

$$Q = (UI - 0.001 R_{ma} I^2) \times 10^{-6} \tag{2-1}$$

式中　R_{ma}——毫安表的内阻，Ω；

　　　　I——输入电流，mA；

　　　　U——输入电压，V。

水蒸气吸收的热量为 Q_v（kJ）：

$$Q_v = m_v \int_{t_1}^{t_2} (1.844 + 4.886 \times 10^{-4} t) \, dt \tag{2-2}$$

$$= m_v [1.844(t_2 - t_1) + 2.443 \times 10^{-4} (t_2^2 - t_1^2)]$$

式中　t_1——比热仪进口温度，℃；

t_2——比热仪出口温度，℃；

m_v——空气中水蒸气的流量，（kg/s），按照下式计算：

$$m_v = \frac{P_v V}{R_v T_o} = \frac{r_v \left(B + \frac{\Delta h}{13.6}\right) \times 133.322 \times \frac{10}{1000\tau}}{461(t_o + 273.15)} = \frac{2.89 \times 10^{-3} r_v \left(B + \frac{\Delta h}{13.6}\right)}{\tau(t_o + 273.15)} \quad (2-3)$$

式中　B——大气压，mmHg；

　　　Δh——流量计出口处表压，mmH_2O；

　　　τ——10L 气体通过流量计所需的时间，s；

　　　t_0——空气的干球温度，℃；

　　　r_v——空气中水蒸气的体积分数，按照下式计算，

$$r_v = \frac{d/622}{1 + d/622} \quad (2-4)$$

式中　d——空气的含湿量，g/kg$_{干空气}$。

干空气的定压比热（kJ/kg℃）为：

$$C_{pm}\big|_{t_1}^{t_2} = \frac{Q_a}{m_a(t_2 - t_1)} = \frac{Q - Q_v}{m_a(t_2 - t_1)} \quad (2-5)$$

式中　m_a——干空气流量，kg/s，按照下式计算：

$$m_a = \frac{P_a V}{R_a T_o} = \frac{(1 - r_v)\left(B + \frac{\Delta h}{13.6}\right) \times 133.322 \times \frac{10}{1000\tau}}{287(t_o + 273.15)} = \frac{4.645 \times 10^{-3} r_v (B + \Delta h/13.6)}{\tau(t_o + 273.15)}$$

$$(2-6)$$

五、实验步骤

1. 连接电源及测量仪表，选择所需的出口温度计插入混流网的凹槽中。

2. 摘下流量计上的温度计，开启风机，调节节流网，使流量保持在额定值附近。测出流量计出口空气的干球温度 t_0 和湿球温度 t_w。

3. 将温度计插回流量计，调节流量，使它保持在额定值附近。逐渐提高电压，使出口温度升高至预计温度。可根据下式估计所需电功率：

$$W \approx 12\frac{\Delta t}{\tau} \quad (2-7)$$

式中　W——电功率，W；

　　　Δt——进出口温差，℃；

　　　τ——流过 10L 空气所需时间，s。

4. 待出口温度稳定后（出口温度在 10min 之内无变化或有微小起伏，即可视为稳定），读出下列数据：每 10L 气体通过流量计所需要时间 τ(s)；比热仪进口温度 t_1(℃) 和出口温度 t_2(℃)；当地大气压力 B(mmHg) 和流量计出口处的表压 Δh(mmH$_2$O)；电加热器的输入电压 U(V) 和电流 I(mA)。

5. 根据流量计出口空气的干球温度和湿球温度，从湿空气的焓湿图查出含湿量 d(g/kg$_{干空气}$)，计算出空气中水蒸气的体积分数 r_v。

6. 计算干空气的定压比热。

【例 2-1】 某一稳定工况的实测参数如下：

$t_o = 8℃$；$t_w = 7.5℃$；$B = 748.0mmHg$；$t_1 = 8℃$；$t_2 = 240.3℃$；$\tau = 69.96s/10L$；$\Delta h = 16mmH_2O$；$U = 174.4V$；$I = 240.0mA$；$R_{mA} = 0.24\Omega$。

查焓湿图得 $d = 6.3\ g/kg_{干空气}$（$\varphi = 94\%$）。

$$r_v = \frac{6.3/622}{1 + 6.3/622} = 0.010027$$

$$Q = (174.4 \times 240 - 0.001 \times 0.24 \times 240^2) \times 10^{-6} = 41.84 \times 10^{-3}\ kJ/s$$

$$m_a = \frac{4.647 \times 10^{-3}(1 - 0.0010027)(748 + 16/13.6)}{69.96(8 + 273.15)}$$

$$= 175.23 \times 10^{-6} kg/s$$

$$m_v = \frac{2.892 \times 10^{-3} \times 0.010027(748 + 16/13.6)}{69.96(8 + 273.15)}$$

$$= 1.104 \times 10^{-6} kg/s$$

$$Q_v = 1.104 \times 10^{-6}[1.844(240.3 - 8) + 2.443 \times 10^{-4}(240.3^2 - 8^2)]$$

$$= 0.487 \times 10^{-3} kW$$

$$C_{pm}\Big|_{t_1}^{t_2} = \frac{41.84 \times 10^{-3} - 0.487 \times 10^{-3}}{175.23 \times 10^{-6}(240.3 - 8)}$$

$$= 1.016 kJ/(kg \cdot ℃)$$

7. 归纳比热随温度的变化关系。

假定在 0～300℃ 之间，空气的真实定压比热与温度之间近似地有线性关系：$C_p = a + bt$ 则由 t_1 到 t_2 的平均比热为：

$$C_{pm}\Big|_{t_1}^{t_2} = \frac{\int_{t_1}^{t_2}(a + bt)d_t}{t_2 - t_1}$$

$$= a + b\frac{t_1 + t_2}{2} \tag{2-8}$$

因此，若以 $\frac{t_1 + t_2}{2}$ 为横坐标，$C_p\Big|_{t_1}^{t_2}$ 为纵坐标（图 2-3）则可根据不同温度范围内的平均比热确定截距 a 和斜率 b，从而得出比热随温度变化的计算式。

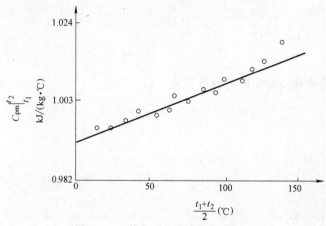

图 2-3　比热与平均温度的变化关系

六、实验注意事项

1. 切勿在无气流通过的情况下使电热器投入工作，以免引起局部过热而损坏比热仪本体。

2. 输入电热器的电压不得超过 220V。气体出口温度最高不得超过 300℃。

3. 加热和冷却要缓慢进行，防止温度计和比热仪本体因温度骤降而断裂。

4. 停止实验时，应先切断电热器，让风机继续运行 15min 左右（温度较低时可适当缩短）。

七、实验数据记录及处理

1. 数据记录

当地大气压 B(mmHg)：

空气干球温度 t_0（℃）：

空气湿球温度 t_w（℃）：

10L 气体通过流量计的时间 τ(s)：

比热仪进口温度 t_1（℃）：

比热仪出口温度 t_2（℃）：

流量计出口处的表压 Δh(mmH$_2$O)：

电加热器输入电压 U(V)：

电加热电流 I(mA)：

2. 计算干空气的定压比热

（1）归纳干空气定压比热与温度的变化关系，并绘图。

（2）简述实验收获及对实验的改进意见

12

实验三　空气绝热指数的测定

一、实验目的

1. 学习测量空气绝热指数的方法。
2. 通过实验，培养运用热力学的基本理论处理实际问题的能力。
3. 通过实验，进一步加深对刚性容器充放气现象的认识。

二、实验原理

在热力学中，气体的定压比热容 C_p 与定容比热 C_v 之比被定义为该气体的绝热指数，以 K 表示，即 $K = C_p/C_v$。

本实验利用定量气体在绝热膨胀过程和定容加热过程中的变化规律来确定空气的绝热指数 K。其 $P\text{-}V$ 图如图 3-1 所示。图中 AB 为绝热膨胀过程，BC 为定容加热过程。图 AB 为绝热过程，所以

$$P_1 V_1{}^K = P_2 V_2{}^K \tag{3-1}$$

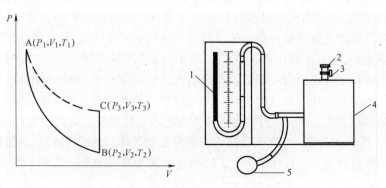

图 3-1　空气绝热指数测试仪的结构示意图

1—U 形差压计；2—防尘罩；3—排气阀；4—刚性容器；5—充气阀

BC 为定容过程，所以 $V_2 = V_3$。

假设状态 A 与 C 所处温度相同，则 $T_1 = T_3$。

所以，根据理想气体的状态方程，对于状态 A、C 可得：

$$P_1 V_1 = P_3 V_3 \tag{3-2}$$

将（3-2）式两边取 K 次方得：

$$(P_1 V_1)^K = (P_3 V_3)^K \tag{3-3}$$

比较式（3-1）、式（3-3）得：

$$P_1{}^K/P_1 = P_3{}^K/P_2 \qquad (P_1/P_3)^K = P_1/P_2$$

将上式两边取对数，得

$$K = \ln(P_1/P_2)/\ln(P_1/P_3) \qquad (3\text{-}4)$$

因此，只要测出 A、B、C 三状态下的压力 P_1、P_2、P_3，且将其代入式（3-4），即可求得空气的绝热指数 K。

三、实验设备

本实验的实验设备图如图 3-2 所示

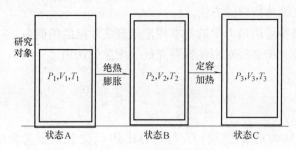

图 3-2　状态变化示意图

实验时，通过充气阀对刚性容器进行充气，至状态 A，由 U 形差压计测得 A 状态的表压力为 h_1 mmH$_2$O，如图 3-2 中状态 A，选取容器内一部分气体作为研究对象，其体积为 V_1，压力、温度为 P_1、T_1，假设通过排气阀放气，使其压力与大气压力相平衡，恰好此时 V_1 的气体通过膨胀至整个容器（体积为 V_2），立刻关闭排气阀，膨胀过程结束。因此 $P_2 = P$（大气压力），由于此过程进行得十分迅速，可忽略容器的传热。因此可以认为此过程为定量气体的绝热膨胀过程，即由状态 A（P_1，V_1，T_1）绝热膨胀至状态 B（P_2，V_2，T_2）（注意 V_2 等于容器体积，V_1 为一小于容器体积的假想体积）。处于状态 B 的空气，由于其温度低于环境温度，刚性容器内的气体通过刚性容器壁与外界环境交换热量，当容器内的气体温度与环境温度相等时，系统处于新的平衡状态 C（P_3，V_3，T_3）。若忽略刚性容器的体积变化，此 BC 过程可以认为为定容加热过程。此时容器内的气体压力可由差压计测得 h_3 mmH$_2$O。至此，选作为研究对象的气体，从 A 经过绝热膨胀过程至 B，又经过定容加热过程至 C，且状态 A、C 所处温度同为环境温度，实现了图 3-2 中所示的过程。

四、实验步骤

1. 实验前，认真阅读本实验指导书，了解实验原理。
2. 进入实验室后，根据实验指导书，对照实物熟悉实验装置。
3. 实验中，由于对装置的气密性要求较高，因此，在实验开始时，首先应检查其气密性，通过充气阀对刚性容器充气至状态 A，使 $h = 200$ mmH$_2$O 左右，然后观察 h 值 5min，看 h 值是否发生变化。若不变化，说明气密性满足要求，若变化，说明装置漏气。
4. 右手转动排气阀，在气流流出的声音"啪"消失的同时关上排气阀，恰到好处，操作者可在实验开始以前先练习几次。

5. 待 U 形差压计的读数稳定后，读取 h_3，稳定过程需 5min。

6. 重复以上步骤，多做几遍，将实验值填在实验数据的表格中，并求 K 值。

五、计算公式

如果将前述的式（3-4）直接用于实验计算的话，那是比较麻烦的。因此，针对实验条件，现将式（3-4）进行适当的简化。

设 U 形差压计的封液（水）重度为 $\gamma = 9.81 \times 10^3 \, N/m^3$，实验时的大气压力则为 $P_a \approx 10^5 Pa$。因此，状态 A 的压力可表示为 $P_1 = P_a + h_1$，状态 B 的压力可表示为 $P_2 = P_a$，状态 C 的压力可表示为 $P_3 = P_a + h_3$。将其代入式（3-4）得。

$$K = \frac{\ln\left(\dfrac{P_a + h_1}{P_a}\right)}{\ln\left(\dfrac{P_a + h_1}{P_a + h_3}\right)} = \frac{\ln\left(1 + \dfrac{h_1}{P_a}\right)}{\ln\left(1 + \dfrac{h_1 - h_3}{P_a + h_3}\right)} \tag{3-5}$$

实验中由于刚性容器受压的限制，一般取 $h_1 = 200mm \, H_2O$。且 $h_3 < h_1$，因此则有：$h_3 + P_a \approx P_a$，$h_1/P_a \ll 1$，$(h_1 - h_3)/(P_a + h_3) \ll 1$。

所以，按照极限的近似计算方法，式（3-5）可简化为：

$$K = \frac{h_1/P_a}{(h_1 - h_3)/(P_a + h_3)} = \frac{h_1}{h_1 - h_3} \tag{3-6}$$

这即为利用本实验装置测定空气绝热指数 K 的简化（近似）计算公式。

六、实验数据记录和整理

环境条件：

室温 $t_a =$ _____ C   大气压力为 $P_a =$ _____ mmH$_2$O

湿　度 _____ %

数据记录：

序号	$h_1(mmH_2O)$	$h_3(mmH_2O)$	$h_1 - h_3(mmH_2O)$	$K = \dfrac{h_1}{h_1 - h_3}$
1				
2				
⋮				
6				
$\sum\limits_{n=1}^{\delta}(K_i/6)$				

空气绝热指数的理论值 $K_i = 1.4$

相对误差 $\dfrac{K - K_i}{K} \times 100\% =$

七、实验要求

1. 预习实验指导书，明白实验原理，熟悉实验方法，实验时认真动手操作。
2. 书写实验报告，其内容除实验数据记录和整理外，还包括实验原理简述、实验设备简介和对有关问题的讨论。

八、实验思考题

1. 漏气将对实验结果有何影响？
2. 实验中若未取下防尘罩，将对实验结果产生什么样的影响？
3. 实验中，充气压力选得过大或过小，对实验结果有何影响？
4. 空气的湿度对实验结果有何影响？
5. 在 BC 定容加热的过程中，如何确定容器内的气体回到了初温？
6. 若实验中，转动排气阀的速度较慢，这将对实验结果产生什么？

实验四　稳态双平板法测量非金属材料的导热系数

一、实验目的

1. 巩固导热理论知识，了解建立较严格的一维稳态导热的实际方法。
2. 用稳态双平板法测定非金属材料的导热系数，确定导热系数与温度之间的关系：$\lambda = \lambda_0 (1 + bt)$ 或 $\lambda = A + Bt$。
3. 学习实际问题的实验研究方法和有关测试技术。

二、实验装置

本实验装置主要包括实验本体、电源、恒温水浴和测试系统，如图 4-1 所示。

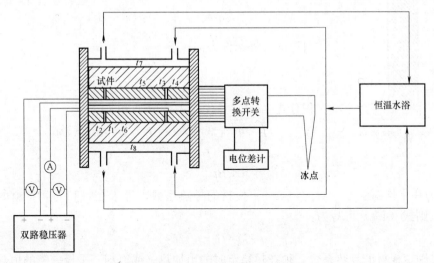

图 4-1　实验装置原理示意图

实验本体为对称的双平板结构，本体中央为圆形主加热器及其周围的环形辅助加热器，由电阻带均匀绕成的薄片型电热器。主、辅加热器共平面，之间有一个小的环形隔缝。在主、辅加热器两侧，各放置由导热系数较大的黄铜做成的圆形主均热板和环形辅助均热板，主、辅均热板同厚度共平面，二者之间有 1mm 的环形隔缝。两块直径等于环形辅助均热板外径的等厚度的同种试件分别置于两侧的均热板上。并在每块试材另一面各安置一个圆盘形冷却器，最后用机械方法从两个方向将它们压紧以减小存在于各交界面上的接触热阻。冷却器内有盘旋形小槽，恒温水在其中沿槽盘旋流动，使试件的冷却面温度均匀一致。

超级恒温水浴向两个冷却器并联供给恒温水，使得两块试材的冷却面等温。由双路直流稳压器分别对主、辅加热器单独供电。在实验时，对于已设定的主加热器功率，可以调节辅助加热器的功率，使得在热稳定时主、辅均热板间的隔缝在径向上无温差，这意味着它们之间无热量传递，主均热板表面是等温面，以主加热器功率的一半对试件的中央部分供应一维导热热流。这样就达到了实验原理的要求。必须特别指出，试件的厚度不宜过大，否则，由于试件侧向散热及其径向温度梯度引起的径向导热，使得主均热板和冷却器间的试件内各等温面不再是互相平行的平面，不能满足一维导热实验原理的要求。为了减少实验本体的侧面散热，其周围被良好保温。

　　在主、辅均热板面和冷却器冷却面内共埋设 8 对镍铬-镍硅热电偶。通过多点切换开关由电位差计测量各热电偶的输出热电势，查表确定各点温度。

三、实验原理

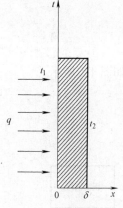

图 4-2　平板导热原理

　　双平板法是以无限大平板的导热规律为基础。设有一块厚度为 δ，导热系数为 $\lambda = A + Bt$ 的无限大平板，一侧以恒热流 q（W/m²）加热，平板两表面的温度分别保持恒等于 t_1，t_2，如图 4-2 所示。根据傅立叶定律，描述板内温度场的导热微分方程式为：

$$q = -\lambda \frac{\mathrm{d}t}{\mathrm{d}x} = -(A + Bt)\frac{\mathrm{d}t}{\mathrm{d}x} \tag{4-1}$$

对应的边界条件为：

$$x = 0 处, t = t_1$$
$$x = \delta 处, t = t_2 \tag{4-2}$$

积分式（4-1）并代入式（4-2）得：

$$q = [A + B(t_1 + t_2)/2](t_1 - t_2)/\delta \tag{4-3}$$

$$\lambda_m = A + B(t_1 + t_2)/2$$
$$= A + Bt_m \tag{4-4}$$

　　λ_m 为在平均温度 $t_m = (t_1 + t_2)/2$ 下板材的导热系数，等于在 t_1 和 t_2 间材料的平均导热系数，则式（4-4）可写为：

$$q = \lambda_m(t_1 - t_2)/\delta \tag{4-5}$$

　　如要确定板材的导热系数，须在热稳定时测出加热（或冷却）平板一侧的恒热流密度 q（W/m²）和温度 t_1，t_2，依据式（4-5）便可得板材的平均导热系数：

$$\lambda_m = q \cdot \delta/(t_1 - t_2) \tag{4-6}$$

　　如要确定 λ 和 t 之间的关系，则要求在不同的平板温度 t_{mi} 下测出 n 个平均导热系数 λ_{mi}，然后根据式（4-4），应用最小二乘法原理，求得：

$$A = \frac{\sum t_{m_0 i} \cdot \lambda_{m_0 i} \cdot \sum t_{m_0 i} - \sum \lambda_{m_0 i} \sum t_{m_0 i}^2}{(\sum t_{m_0 i})^2 - n \sum t_{m_0 i}^2} \tag{4-7}$$

$$B = \frac{\sum t_{m_0 i} \cdot \sum \lambda_{m_0 i} - n \sum t_{m_0 i} \cdot \lambda_{m_0 i}}{(\sum t_{m_0 i})^2 - n \sum t_{m_0 i}^2} \tag{4-8}$$

从而便可确定关系式 $\lambda = \lambda_0(1 + bt)$ 或 $\lambda = A + Bt$。

四、实验步骤

1. 预习实验报告，弄懂实验原理，了解实验装置的结构和实验方法。

2. 将两面已磨平的试件装入实验装置，并压紧。

3. 接好直流稳压电源、电压表、电流表和电位差计；将超级恒温水浴的出水口用橡皮管与两个冷却器并联，并将它们的回水橡皮管引回恒温水浴；热电偶冷端置于冰瓶内，经指导教师检查认可。

4. 调节恒温水浴上的控制温度计的设定值，启动恒温水浴。

5. 接通直流稳压器。按预先拟定的方案，调节主、辅加热器的功率，直至达实验要求。

6. 热稳定时，每隔 10min 测量一次，共测 3 次。

7. 时间许可时，可改变水温或主、辅加热器功率，重复 5、6 步骤，共做 6～8 次实验。

8. 测量数据经指导教师审核后，切断电源，结束实验，整理现场。

五、实验数据记录及处理

1. 本实验所用试材为有机玻璃，质量 $m=110.0$g，厚度 $\delta=12.00$mm，直径 $D=100.00$mm，主均热板直径 $D_1=49.00$mm。建议取 $(D_1+D)/2$ 作为计算一维导热面积的直径 De。

为了避免主加热器的电源导线通过辅助加热器而受热，现将主加热器电阻带的两端穿过辅助加热器后与电源线连接。这样，主加热器实际传给试件的热量小于所测的主加热器输入电功率，根据主加热器电阻带中未穿过辅助加热器的长度可确定一个小于 1 的功率修正系数 K，标示在实验本体的侧面。

本实验装置采取双平板的对称结构，使两块试件内的温度场相同，即 $t_5=t_6$，$t_7=t_8$，同时，调节辅助加热器功率使得 $t_1=t_2$，$t_3=t_4$，以满足主加热器上试件的一维导热条件。但是，由于加工工艺、装配质量和功率调节方法等方面的原因，实际中往往得不到上述的理想温度场。因而，当 $t_5 \approx t_6$，$t_7 \approx t_8$，$t_1 \approx t_2$，$t_3 \approx t_4$ 时即认为近似符合实验原理的条件，其近似程度取决于实验结果所需精度的高低。

计算试件在平均温度 $t_m=(t_5+t_6+t_7+t_8)/4$ 下的平均导热系数 λ [W/(m²·℃)] 时，按照下式进行计算，

$$\lambda = \frac{KQ\delta}{F_e[(t_5-t_7)+(t_6-t_8)]} \tag{4-9}$$

式中 F_e——一维稳态导热的计算面积（m²），

$$F_e = \frac{\pi}{4}De^2 \tag{4-10}$$

2. 将实验数据填入表 4-1 并计算相应的 λ。

3. 确定 λ 与 t_m 之间的关系，并绘出曲线。

稳态双平板法测定非金属材料导热系数记录表　　　　　　　　表 4-1

材料厚度 $\delta=$ _____ mm，材料的面积_____ mm^2，测试人员_____，测试日期_____。

项目 工况		主加热器		辅助加热器		恒温水浴温度		主加热器温度		辅助加热器温度		t_m	λ
		电压(V)	电流(A)	电压(V)	电流(A)	t_3(℃)	t_4(℃)	t_1(℃)	t_2(℃)	t_5(℃)	t_6(℃)	(℃)	W/ (m·℃)
工况一	1												
	2												
	3												
工况二	1												
	2												
	3												
工况三	1												
	2												
	3												
工况四	1												
	2												
	3												
工况五	1												
	2												
	3												
工况六	1												
	2												
	3												
工况七	1												
	2												
	3												
工况八	1												
	2												
	3												

六、思考题

1. 为了建立一维稳定的温度场，本实验装置采取了哪些措施？

2. 如果试件表面不平整时，测得的导热系数将偏大还是偏小？为什么？

3. 本实验装置为什么仅限于测定非金属材料导热系数？对被测试材导热系数范围有无限制？为什么？

4. 本应测量试件冷、热表面温度的，但在本实验装置中，热电偶却是埋设在均热板面上和冷却器面上而不是埋设在试件表面上。这是为什么？

5. 如果只有一块试件，能否用本实验装置进行测试，怎样进行实验？

6. 如果某试材的导热系数是随温度线性变化的，在用本装置测定其导热系数时共做了几次实验，事后发现两块试件厚度不等，试问应如何整理数据？

7. 是否可用此仪器测湿材的导热系数？为什么？

8. 用稳态平板法测液体导热系数时要考虑哪些因素？应怎样进行实验？

镍铬-镍硅热电偶温度—毫伏对照表　　　　　　　　附表

温度℃	mV 0	mV 1	mV 2	mV 3	mV 4	mV 5	mV 6	mV 7	mV 8	mV 9
0	0.000	0.039	0.079	0.119	0.158	0.198	0.238	0.277	0.317	0.357
10	0.397	0.437	0.477	0.517	0.557	0.597	0.637	0.677	0.718	0.758
20	0.798	0.838	0.879	0.919	0.96	1	1.041	1.081	1.22	1.162
30	1.203	1.244	1.285	1.325	1.366	1.407	1.448	1.489	1.529	1.57
40	1.611	1.652	1.693	1.734	1.776	1.817	1.858	1.899	1.94	1.981
50	2.022	2.064	2.105	2.146	2.188	2.229	2.27	2.312	2.353	2.394
60	2.436	2.477	2.519	2.56	2.601	2.643	2.684	2.726	2.767	2.809
70	2.85	2.892	2.933	2.975	3.016	3.058	3.1	3.141	3.183	3.224
80	3.266	3.3.07	3.349	3.39	3.432	3.473	3.515	3.556	3.598	3.639
90	3.681	3.722	3.765	3.805	3.847	3.888	3.93	3.971	4.012	4.054
100	4.095	4.137	4.178	4.219	4.261	4.302	4.343	4.384	4.426	4.467

实验五　恒热流准稳态平板法测定材料的热物性参数

一、实验目的

1. 通过实验测出温度变化曲线，进一步加深了解不稳定导热过程的特征。
2. 对导温系数和比热建立起较直观的认识。
3. 掌握快速测试材料热物性参数的实验方法和技术。

二、实验装置

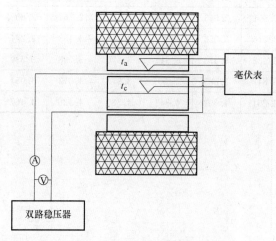

图 5-1　实验装置原理示意图

实验装置主要包括实验本体、稳压电源和测量仪表，如图 5-1 所示，实验本体由 4 块厚度 $\delta = 10\text{mm}$、面积 $F = 0.04\text{m}^2$ 的被测材料重叠在一起组成。在第一块与第二块之间夹着一个轻型的片状电热器，在第三块和第四块之间也夹着一个相同的电加热器，在第二块与第三块交界面中心和一个电加热器中心各安置一对铜-康铜热电偶。在这四块重叠在一起的试材顶面和底面加上良好的保温层，然后用机械的方法把它们均匀地压紧。电加热器由晶体管直流稳压器供电，用 0.5 级的直流电压表和直流电流表测量电加热器的功率。两对热电偶的冷端一起放在一个温度不受扰的保温盒内（温度等于 t_1）。用 WXC-200 型自动双笔记录仪绘出试材中心面加热面的温度变化曲线。

三、实验原理

根据导热理论，对厚度为 2δ，初始温度为 t_1，导热系数为 λ，导温系数为 a 的无限大平板，当其两表面用恒热流密度 q_w 加热时，平板内任意点的温度可表示为：

$$t - t_1 = \frac{q_w \delta}{\lambda}\Big[F_0 + \frac{1}{2}\left(\frac{x}{\delta}\right)^2 - \frac{1}{6} + \frac{2}{n^2 \cdot \pi^2}\sum_{n=1}^{\infty}(-n)^{n+1}\cos\left(n \cdot \pi \frac{x}{\delta}\right) \cdot \exp(-n^2 \cdot \pi^2 \cdot F_0) \Big]$$

$$(5-1)$$

当加热经过一段时间后，即 $F_0 > 0.5$ 时，式（5-1）中的级数项便可略去不计。这时可得简单的关系式：

$$t-t_1=\frac{q_w\delta}{\lambda}\left[F_0+\frac{1}{2}\left(\frac{x}{\delta}\right)^2-\frac{1}{6}\right] \tag{5-2}$$

由式（5-2）可见，板内各点温度随时间是线性变化的，而与板面垂直的坐标 X 是呈抛物线关系的，如图 5-2 所示。这就是不稳定导热达到准稳态时的温度特征。

对于 $X=+\delta$ 的加热面和 $X=0$ 的中心面，可将式 (5-2) 分别写成：

$$t_w=t_1+\frac{q_w\delta}{\lambda}\left(F_0+\frac{1}{3}\right)$$

$$t_c=t_1+\frac{q_w\delta}{\lambda}\left(F_0-\frac{1}{6}\right) \tag{5-3}$$

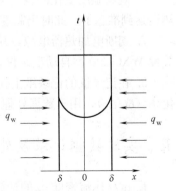

图 5-2　准稳态时板内温度分布曲线

由式（5-3）可得导热系数 $\lambda[W(m\cdot℃)]$：

$$\lambda=\frac{q_w\delta}{2(t_w-t_c)}=\frac{q_w\delta}{2\Delta t} \tag{5-4}$$

式中　Δt——同一瞬时加热面与中心面间的温差，℃，$\Delta t=t_w-t_c$；

q_w——单位面积平板表面所获得热流量，W/m^2；

δ——为平板的半宽度，m。

因为非稳态导热达到准稳态时，板内各点的温度是随时间线性变化的。也就是说，此时板内各点温度对时间的变化率是相同的，故只要测出中心面（或加热面）的温度变化率，就可按定义写出比热 $c[J/(kg\cdot℃)]$ 的计算式为：

$$c=\frac{q_w}{\rho\delta\cdot\left(\frac{\delta t}{\Delta\tau}\right)_c} \tag{5-5}$$

式中　ρ——试材的密度，kg/m^3；

$\left(\frac{\delta t}{\Delta\tau}\right)_c$——中心面的温度变化率，℃/s。

根据定义，材料的导温系数 a（m^2/s）可表示为：

$$a=\frac{\lambda}{c\rho}=\frac{\delta}{2\Delta t}\cdot\left(\frac{\delta t}{\Delta\tau}\right)_c \tag{5-6}$$

综上所述，应用恒热流准稳态平板法测试材料热物性时，在一个实验内可同时测出材料的三个重要的热物性参数——导热系数、比热和导温系数。

四、实验步骤

1. 测量试材尺寸、重量，用以计算试材密度。

2. 将试材装入实验装置，并按图 5-1 接线。

3. 接通稳压电源输入，将稳压电源空载工作数分钟，但此时应将加热器断开，不使电流通过电加热器。

4. 接通 WXC-200 型记录仪以观察加热面和中心面两对热电偶的数值是否均匀等于零。如等于零的话，这表明试材内温度等于试材周围介质的温度（等于 t_1），满足了初始条件。如果不等于零的话，应使其自然冷却达到均匀温度，以满足初始条件。

5. 接通电加热器，记录加热器的电压和电流值。

6. 观察温度变化曲线。当两条曲线呈直线变化且又互相平行时，表明此时不稳态导热已达到准态了。此时仍需继续加热数分钟，以进一步观察温度变化。

7. 切断电加热器电源，并观察试材在停止加热后的温度变化，数分钟（3～5min）后关掉 WXC-200 型自动记录仪，结束实验。

8. 在记录仪的记录纸上找出准稳态时试材加热面与中心面的温差 Δt 和试材的温度变化率（$\delta t / \Delta \tau$），用于数据处理。

五、实验数据记录及处理

1. 试材热流密度 q_w 的计算。

采用轻质片状电加热器加热，毕竟也有一定的热容量，在加热过程中，加热器本身要吸收热量，而且先于试材吸收。因此，试材实验所吸收的热量必需从电功率中扣除电加热器所吸收的热量。

根据实验原理，我们仅研究电加热器对中间两块试材加热时的温度变化就可以了，但为了避免因电加热器向外难以估计的散热给 q_w 的计算带来困难，所以在两加热器外侧各补上一块同厚度的试材并加以保温，这样，电加热器将同等地加热其两侧的每块试材，每块试材内的温度场关于电加热器是对称的。两个同样的电加热器是并联（或串联）供电的，基于以上分析，试材表面实验所吸收的热量 $q_w (\text{W/m}^2)$ 应为：

$$q_w = \frac{UI}{4F} - \frac{c_h}{2} \cdot \left(\frac{\delta t}{\Delta \tau} \right) \tag{5-7}$$

式中 U——加热器的电压，V；

   I——加热器的电流，A；

   F——加热器（也是试材）面积，m^2；

   c_h——加热器单位面积的比热，$c_h = 0.079 \text{J}/(\text{m}^2 \cdot ℃)$；

   $\dfrac{\delta t}{\Delta \tau}$——加热器（也是试材加热面）的温度变化率，℃/s，准稳态时有 $\left(\dfrac{\delta t}{\Delta \tau} \right)_h = \left(\dfrac{\delta t}{\Delta \tau} \right)_w = \left(\dfrac{\delta t}{\Delta \tau} \right)_c$。

2. 数据记录及处理。

将实验数据填入表 5-1，并计算试材的导热系数、比热及导温系数。

六、思考题

1. 这个实验方法有哪些方面的误差？如何减少？

2. 试材与试材间和试材与电加热器间都有缝隙，存在着接触热阻，它们对测试结果有何影响？

3. 如因加工偏差而使中间两块试材厚度不等，一块厚为 $1\frac{1}{5}\delta$；另一块厚度为 $\frac{4}{5}\delta$，其余条件不变，试计算由此而引起的测试结果的偏差各为多少？

4. 如果将两对热电偶接成温差热电偶，测出加热面与中心面的温差，计算出试材的导热系数。这样做法可行吗？如可行的话，实验怎样做？

5. 本实验原理可否用于测量金属等良导体的热物性？可否用于测量湿材的热物性？

6. 如欲测试材在不同温度下的热物性，可采取什么措施？

7. 本实验装置在四周既无辅助的加热器又无保温，这会造成较大误差吗？为什么？

8. 本实验装置对试材顶部和下部的保温材料有什么要求？

9. 能用此法测定导热系数很小的试材热物性吗？测导温系数很小的试材行吗？

非准稳态材料热物性测试记录表 表 5-1

材料的质量 $m=$ ___ g，材料面积 ___ m^2，材料厚度 $\delta=$ ___ m，试件初始温差 ___ ℃，标准电阻 ___ Ω。

项目\实验次数	标准电阻电压降(V)	加热电流(A)	电热膜电阻(Ω)	准稳态时加热面的热电势(mV)	准稳态时中心点的热电势(mV)	准稳态时中心面的温升(℃)	准稳态时中心面的温升的时间(s)	温度变化率(℃/s)	热流密度 q_w(W/m²)	导热系数 λ[W/(m·℃)]	比热 c[J/(kg·℃)]	导温系数 a(m²/s)
1												
2												
3												
4												

测试人员：

测试日期：

铜-康铜热电偶温度—毫伏对照表 附表

温度(℃)	mV 0	mV 1	mV 2	mV 3	mV 4	mV 5	mV 6	mV 7	mV 8	mV 9
0	0.000	0.039	0.078	0.110	0.155	0.194	0.234	0.273	0.312	0.325
10	0.391	0.431	0.471	0.510	0.550	0.590	0.630	0.671	0.711	0.751
20	0.792	0.832	0.893	0.914	0.945	0.995	1.036	1.077	1.118	1.159
30	1.201	1.242	1.284	1.325	1.367	1.408	1.450	1.492	1.534	1.576
40	1.618	1.661	1.703	1.745	1.788	1.830	1.873	1.916	1.958	2.001
50	2.044	2.084	2.130	2.174	2.217	2.260	2.304	2.347	2.391	2.435
60	2.478	2.522	2.566	2.810	2.654	2.698	2.743	2.787	2.831	2.867
70	2.920	2.965	3.010	3.054	3.099	3.144	3.189	3.234	3.279	3.325

温度(℃)	mV 0	mV 1	mV 2	mV 3	mV 4	mV 5	mV 6	mV 7	mV 8	mV 9
80	3.370	3.415	3.459	3.506	3.552	3.597	3.643	3.689	3.735	3.781
90	3.827	3.873	3.919	3.965	4.012	4.058	4.105	4.151	4.198	4.224
100	4.281	4.338	4.385	4.432	4.479	4.526	4.573	4.621	4.668	4.715
110	4.763	4.810	4.858	4.906	4.953	5.007	5.049	5.099	5.146	5.193
120	5.241	5.289	5.338	5.386	5.434	5.483	5.531	5.580	5.629	5.677
130	5.726	5.775	5.824	5.873	5.922	5.971	6.020	6.070	6.119	6.768
140	6.218	6.267	6.317	6.367	6.416	6.466	6.516	6.566	6.616	6.666
150	6.716	6.766	6.816	6.867	6.917	6.967	7.018	7.066	7.116	7.169

实验六　强迫对流管外换热系数的测定

一、实验目的

1. 作为综合实验，该实验涉及较多课程知识，测量参数多，如风速、功率、温度以及计算机基本操作，可考察学生的综合能力。

2. 测定空气横向流过单管表面的平均表面传热系数 h，并将实验数据整理成准则方程式。

3. 学习测量风速、温度、热量的基本技能，了解对流放热的实验研究方法。

二、实验装置

本实验在一实验风洞中进行。实验风洞主要由风洞本体、风机、构架、实验管及其加热器、水银温度计、倾斜式微压计、毕托管、电位差计、电流表、电压表以及调压变压器组成。风洞本体见图 6-1。

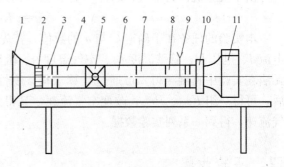

图 6-1　风洞本体示意图

1—双扭曲线进风口；2—蜂窝器；3—整流金属网；
4—第一测试段；5—实验段；6—第二测试段；
7—收缩段；8—测速段；9—毕托管；
10—橡皮连接管；11—风机

由于实验段前有两段整流金属网，可使进入实验段前的气流稳定。毕托管置于测速段，测速段截面较实验段小，以使流速提高，测量准确。风量由风机出口挡板调节。

实验风洞中安装了一根实验管，管内装有电加热器作为热源，管壁嵌有四对热电偶以测壁温。

三、实验原理

根据相似理论，流体受迫外掠物体时的表面传热系数 h 与流速、物体几何形状及尺寸、流体物性间的关系可用下列准则方程式描述，

$$Nu = f(Re, Pr) \tag{6-1}$$

实验研究表明，流体横向掠过单管表面时，一般可将上式整理成下列具体的指数形式：

$$Nu_m = CRe_m^n Pr_m^m \qquad (6\text{-}2)$$

式中，C、n、l 均为常数，由实验确定。Nu_m 为努谢尔特准则数：

$$Nu_m = \frac{hd}{\lambda_m} \qquad (6\text{-}3)$$

Re_m 为雷诺准则数：

$$Re_m = \frac{ud}{\upsilon_m} \qquad (6\text{-}4)$$

Pr_m 为普朗特准则数：

$$Pr_m = \frac{\nu_m}{\lambda_m} \qquad (6\text{-}5)$$

式中　d——实验管外径，作定性尺寸，m；

$\quad\quad u$——流体流过实验管外最窄面处流速，m/s；

$\quad\quad \lambda$——流体导热系数，W/（m·K）；

$\quad\quad a$——流体导温系数，m^2/s；

$\quad\quad \nu$——流体运动黏度，m^2/s；

$\quad\quad h$——表面传热系数，W/(m^2·K)；下角标 m 表示用流体边界层平均温度 $t_m = (t_w + t_f)/2$ 作为定性温度。

由于实验流体为空气，$Pr_m = 0.7$，故准则式可化为：

$$Nu = CRe_m^n \qquad (6\text{-}6)$$

本实验的任务在于确定 C 与 n 的数值，首先使空气流速一定，然后测定有关的数据：电流 I、电压 U、管壁温度 t_w、空气温度 t_f、微压计动压头 H。表面传热系数 h 和流速 u 无法在实验中直接测得，可通过计算求得，物性参数可在有关书中查得。得到一组数据后，可得一组 Re_m、Pr_m，改变空气流速，又得到一组数据及其 Re_m、Pr_m，多次改变空气流速，得到一系列实验数据。

四、实验步骤

1. 将毕托管与微压计连接好、校正零点；连接热电偶与电位差计，再将加热器、电流表、电压表以及调压变压器线路连接好，指导教师检查确认无误后，准备启动风机。

2. 关闭风机出口挡板条件下启动风机，让风机空载启动，然后根据需要开启出口挡板，调节风量。

3. 调压变压器指针位于零位时，合电闸加热实验管，根据需要调整变压器，使其在某一热负荷下加热，并保持不变，使壁温达到稳定后（壁温热电偶电势在 3min 内保持读数不变，即可认为已达到稳定状态），开始记录热电势、电流、电压、空气进出口温度及微压计的读数。加热电压不得超过 180V。

4. 在一定热负荷下，通过调整风量来改变 Re 的大小，此时保持调压变压器的输出电压不变，依次调节风机出口挡板，在各个不同的开度下测得其动压头，空气进、出口温度以及电位差计的读数，即为不同风速下，同一热负荷时的实验数据。

5. 不同热负荷条件的实验，仅需利用调压变压器改变电加热器的加热量，重复上述实验步骤即可。

6. 实验完毕后，先切断实验管加热电源，待实验管冷却后再关闭风机。

五、实验数据记录及处理

1. 壁面平均表面传热系数 h

电加热器产生的总热量 Φ，除去以对流方式由管壁传给空气的热量外，还有一部分是以辐射方式传出去的，因此，对流放热量 Φ_c 为，

$$\Phi_c=\Phi-\Phi_r=UI-\Phi_r \tag{6-7}$$

$$\Phi_r=\varepsilon C_0 A\left[\left(\frac{T_w}{100}\right)^4-\left(\frac{T_f}{100}\right)^4\right] \tag{6-8}$$

式中　Φ_r——辐射换热量，W；

ε——试管表面黑度，$\varepsilon=0.6\sim0.7$；

C_0——绝对黑体辐射系数，$C_0=5.67\mathrm{W/(m^2 \cdot K^4)}$；

T_w——管壁面的平均绝对温度，K；

T_f——实验管前流体的绝对温度，K；

A——管表面积，$\mathrm{m^2}$。

根据牛顿冷却公式，壁面平均表面传热系数 $[\mathrm{W/(m^2 \cdot K)}]$ 为：

$$h=\frac{\Phi_c}{(T_w-T_f)A} \tag{6-9}$$

2. 空气流速

采用毕托管在测速段截面中心点测量，由于实验风洞测速段分布均匀，因此，不必进行截面速度不均匀的修正。若采用倾斜式微压计测得的动压头为 H，则由能量方程式，

$$\frac{P_1}{\gamma_k}+\frac{u^2}{2g}=\frac{P_2}{\gamma_k}+0 \tag{6-10}$$

$$P_2-P_1=(\gamma_l-\gamma_k)H \tag{6-11}$$

$$u_c=\sqrt{\frac{2g}{\gamma_k}(P_2-P_1)}=\sqrt{\frac{2g}{\gamma_k}(\gamma_l-\gamma_k)H}=\sqrt{\frac{2gH(\rho_l-\rho_k)}{\rho_k}} \tag{6-12}$$

式中　u_c——测速截面处的流速，m/s；

ρ_l——微压计内液体的密度，$\mathrm{kg/m^3}$；

ρ_k——空气的密度，$\mathrm{kg/m^3}$，根据空气的平均温度查表得到；

H——动压头，用液柱高度表示。

由上式计算得到的流速是测速截面处的流速，而准则式中的流速 u 指流体流过实验管最窄截面的流速。由连续性方程，

$$u_c A_c=u_s(A_s-Ldn) \tag{6-13}$$

$$u_s=\frac{u_c A_c}{A_s-Ldn} \tag{6-14}$$

式中　u_s——实验管截面处的流速，m/s；

A_c——测速截面面积，$\mathrm{m^2}$，$A_c=80\times150\mathrm{mm^2}$；

A_s——放实验管处截面面积，$\mathrm{m^2}$，$A_s=450\times150\mathrm{mm^2}$；

L——实验管有效管长，m，$L=450\text{mm}$；

d——实验管外径，m，$d=40\text{mm}$；

n——实验管数，$n=1$。

3. 确定准则方程式

将数据代入准则方程式计算准则数，可在以 Nu_m 为纵坐标，以 Re_m 为横坐标的常用对数坐标图上得到一些实验点，然后用直线连起来，因为，

$$\lg Nu_m = \lg C + n\lg Re_m \tag{6-15}$$

$\lg C$ 为直线的截距，n 为直线的斜率，取直线上的两点，

$$n = \frac{\lg Nu_2 - \lg Nu_1}{\lg Re_2 - \lg Re_1} \tag{6-16}$$

$$C = \frac{Nu}{Re^n} \tag{6-17}$$

即可得到准则方程式：

$$Nu = CRe^n \tag{6-18}$$

4. 记录实验数据并计算

实验管有效管长：　　　　　实验管外径：　　　　放实验管处截面积：　　　　测速截面面积：

实验数据记录表　　　　　　　　　　　　　　表 6-1

实验次数	管壁测点热电势(mV)				加热电压 (V)	加热电流 (A)	管前气流 温度(℃)	管后气流 温度(℃)	动压头 (mmH₂O)
	V_1	V_2	V_3	V_4					
1									
2									
3									
4									
5									

5. 数据处理

根据上面的五组数据，可在以 Nu_m 为纵坐标，Re_m 为横坐标的常用对数坐标图上得到一些实验点，然后用直线连起来得到一曲线。根据这个曲线定出 n 及 C，最后得到准则关联式。请同学们用坐标纸绘图并给出处理过程，处理过程用到的铜-康铜热电偶的电势与温度对应关系见实验五附表 1。

实验七　等温边界下墙角二维导热温度场的电模拟实验

一、实验目的

1. 学习用电路网络模拟热现象的原理及边界条件的处理方法。
2. 加深用差分方程求解二维稳态温度场的方法的理解。
3. 通过对电模型的电量测量求出等温边界下墙角的温度场及墙角的热损失。

二、实验原理

稳定状态下二维电场及温度场均可用 Laplace 方程描述：

$$\frac{\partial^2 e}{\partial X^2} + \frac{\partial^2 e}{\partial Y^2} = 0 \tag{7-1}$$

$$\frac{\partial^2 t}{\partial X^2} + \frac{\partial^2 t}{\partial Y^2} = 0 \tag{7-2}$$

其中，e、t 分别表示固体中某点的电位及温度，由此可见，如果电热系统的边界条件也相似，则可用电势 e 模拟温度 t，通过测出电势值的大小，即可换算出相应的温度值（见图 7-1）。

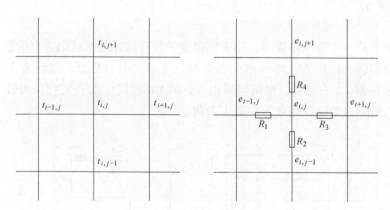

图 7-1　热电模拟图

本实验装置是用电阻元件构成的电阻网络式电模型，该网络建立在按差分方程划分的网络基础上。对均匀的网络，二维稳定导热的差分方程：

$$t_{i+1,j} + t_{i-1,j} + t_{i,j+1} + t_{i,j-1} - 4t_{i,j} = 0 \tag{7-3}$$

相应的网络节点上的电势方程可由电学的基尔霍夫定律导出：

$$\sum_{n=1}^{4} i_n = \sum_{n=1}^{4} \frac{e_n - e_{i,j}}{R_n} = 0$$

$$\frac{e_{i-1,j} - e_{i,j}}{R_1} + \frac{e_{i,j-1} - e_{i,j}}{R_2} + \frac{e_{i+1,j} - e_{i,j}}{R_3} + \frac{e_{i,j+1} - e_{i,j}}{R_4} = 0 \qquad (7\text{-}4)$$

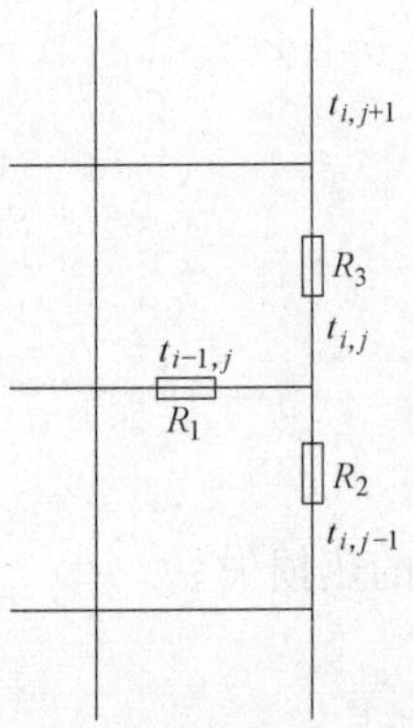

显然，只要满足：$R_1 = R_2 = R_3 = R_4$，式（7-3）与式（7-4）完全类似。

用电阻网络来模拟一个具体的热系统时还必须使电一热系统之间有类似的边界条件，对等温边界条件，只要在电模型的边界节点上维持等电势即可，对于绝热边界（见图7-2）可以证明，只要 $R_2 = R_3 = 2R_1$ 即可使边界得到类似。

从电阻网络节点上的电压值换算到相应热网络对应点上的温度时，要用到电压、温差比例常数，它是电系统中电势差与热系统中相应温差之间的比例系数。对于图7-3所示的墙角，当其内外表面温度均为已知值时，有：

图7-2　绝热边界模拟图

$$C = \frac{e_1 - e_2}{t_1 - t_2} \; (\text{V}/\text{℃}) \qquad (7\text{-}5)$$

式中　e_1，e_2——分别为相应于侧墙和内墙墙温的电势值。

在选定了比例系数 C 后就可以决定应加在电模型最外层两界上的电势差（$e_1 - e_2$）之值。利用系数 C 可以从测得的电势换算出相应的温度值。如测得 A 点相对于内壁的电热差（$e_A - e_2$）后即为：

$$t_A = t_2 + \frac{e_A - e_2}{C} \qquad (7\text{-}6)$$

三、实验装置

本实验装置系一电阻网络模型。用于模拟建筑如冷藏库墙壁或烟道等的稳态导热，若该结构的导热问题可以作为二维导热问题处理，考虑到其对称性，仅研究其 1/4 部分即可，测试系统见图7-3右侧图。电阻网络由 YJ-26D 高稳定度的直流稳压电源供给一定直流电压。各网络节点的电压用数字式万用表测量。

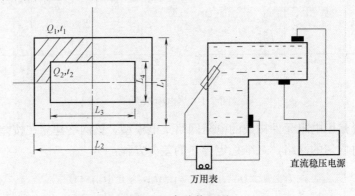

图 7-3　实验装置图

四、实验步骤及注意事项

1. 按图接线。

2. 经检查无误后，根据选取的比例常数 C 的值，确定要加的电压值（本实验中 C 取 0.05）。

3. 启动直流稳压电流。把电压调整到确定的数值，注意电压不得超过 10V，电压过高将使电阻烧毁。

4. 用万用表依次测量各节点的相对电压。

五、实验结果的计算与整理

1. 原始数据：

墙角的几何尺寸：$L_1 = 2.2m$，$L_2 = 3.0m$，$L_3 = 2.0m$，$L_4 = 1.2m$。

材料导热系数：$\lambda = 0.53W/(m \cdot ℃)$。

内外电势差：2.0V。

2. 实验数据的整理：

(1) 根据从电阻网络测得的电压值计算墙体各相应节点温度。

(2) 根据求得的温度分布画出等温线（用坐标纸画）。

(3) 求出此墙角每米高度的热损失。

六、实验报告内容

1. 实验目的。

2. 实验的数据记录表。

3. 计算出节点温度值，把它们标在 250mm×350mm 方格纸上，同时在方格纸上选定三个温度画出三根等温线。

4. 计算每米高墙角热损失，通过内外边界上的热量偏差不应大于 ±5%。

七、思考题

1. 试证明绝热边界只要取 $R_2 = R_3 = 2R_1$，可使边界得到类似。

2. 墙角的两个侧面是什么边界条件？在本实验中是如何实现这一条件的模拟的？

3. 分析模拟的测定结果，墙角两翼的温度分布是否大致对称于对角线？为什么会有这种近似的对称性？

实验八　对流边界下墙角二维导热温度场的电模拟实验

一、实验目的

1. 学习用电路网络模拟热现象的原理及边界条件的处理方法。
2. 加深用差分方程求解二维稳态温度场的方法的理解。
3. 通过对电模型的电量测量求出对流边界下墙角的温度场及墙角的热损失。

二、实验原理

稳定状态下二维电场及温度场均可有 Laplace 方程描述：

$$\frac{\partial^2 e}{\partial X^2} + \frac{\partial^2 e}{\partial Y^2} = 0 \tag{8-1}$$

$$\frac{\partial^2 t}{\partial X^2} + \frac{\partial^2 t}{\partial Y^2} = 0 \tag{8-2}$$

其中，e，t 分别表示固体中某点的电位及温度，由此可见，如果电热系统的边界条件也相似，则可用电势 e 模拟温度 t，通过测出电势值的大小，即可换算出相应的温度值（见图 8-1）。

本实验装置是用电阻元件构成的电阻网络式电模型，该网络建立在按差分方程划分的网络基础上。对均匀的网络，二维稳定导热的差分方程划分的网络基础。对均匀的网络。二维稳定导热的差分方程：

$$t_{i+1,j} + t_{i-1,j} + t_{1,j+1} + t_{1,j-1} - 4t_{i,j} = 0 \tag{8-3}$$

相应的网络节点上的电势方程可由电学的基尔霍夫定律导出：

$$\sum_{n=1}^{4} i_n = \sum_{n=1}^{4} \frac{e_n - e_{i,j}}{R_n} = 0$$

即：

$$\frac{e_{i-1,j} - e_{i,j}}{R_1} + \frac{e_{i,j-1} - e_{i,j}}{R_2} + \frac{e_{i+1,j} - e_{i,j}}{R_3} + \frac{e_{i,j+1} - e_{i,j}}{R_4} = 0 \tag{8-4}$$

显然，只要满足：$R_1 = R_2 = R_3 = R_4$，式（8-3）与式（8-4）完全类似。

类似的边界条件，对于绝热边界（如右图）可以证明，只要 $R_2 = R_3 = 2R_1$，即可使边界得到类似。

对对流边界条件，则只要：$R_2 = R_3 = 2R_1$ 以及 $R_4 = \frac{\lambda}{\alpha h} R_1$ 即可。

其中，λ——固体的导热系数；

　　　a——边界上的对流换系数；

　　　h——换热系统中网络间距。

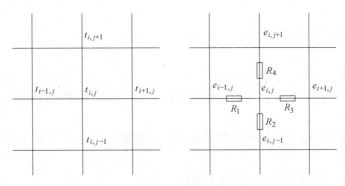

图 8-1 热电模拟图

从电阻网络节点上的电压值换算到相应热网络对应点上的温度时，要用到电势、温差比例常数，它是电系统中电势差与热系统中相应温差之间的比例系数。对图 8-2 所示的墙角，当两个表面温度均为对流边界条件时，定义：

$$C = \frac{e_{\infty 1} - e_{\infty 2}}{t_{\infty 1} - t_{\infty 2}} \qquad (\text{V}/℃) \qquad (8\text{-}5)$$

其中，$e_{\infty 1} - e_{\infty 2}$ 为相应于流体温度 $t_{\infty 1} - t_{\infty 2}$ 的电热值，即图 8-1 中节点 $(i+1, j)$ 上的电势值。

在选定了比例系数 C 后就可决定加到电模型最外层两边界上的电势差 $(e_{\infty 1} - e_{\infty 2})$ 之值；利用系数 C 可以从测得的电势值换算出相应的温度值，如测得 A 点相对于内壁的电势差 $(e_A - e_{\infty 2})$ 后 t_A 即为：

$$t_A = t_{\infty 2} + \frac{e_A - e_{\infty 2}}{C}$$

三、实验装置

本实验装置系一电阻网络模型。用于模拟建筑如冷藏库墙壁或烟道等的稳态导热，若该结构的导热问题可以作为二维导热问题处理，考虑到其对称性，仅研究其 1/4 部分即可，测试系统见图 8-2。电阻网络由 YJ－26D 高稳定度的直流稳压电源供给一定直流电压。各网络节点的电压用数字式万用表测量。

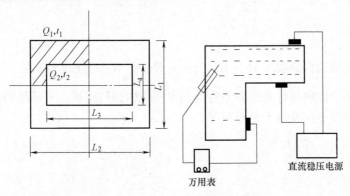

图 8-2 实验装置图

四、实验步骤及注意事项

1. 按图接线。

2. 经检查无误后，根据选取的比例常数 C 的值，确定要加的电压值（本实验中 C 取 0.1）。

3. 启动直流稳压电流。把电压调整到确定的数值，注意电压不得超过 10V，电压过高将使电阻烧毁。

4. 用万用表依次测量各节点的相对电压。

五、实验结果的计算与整理：

1. 原始数据：

墙角的几何尺寸：$L_1=2.2\text{m}$，$L_2=3.0\text{m}$，$L_3=2.0\text{m}$，$L_4=1.2\text{m}$。

材料导热系数：$\lambda=0.53\text{W}/(\text{m}\cdot\text{℃})$。

内外电势差：2.0V。

2. 实验数据的整理：

（1）根据从电阻网络测得的电压值计算墙角各相应节点的温度值。

（2）根据求得的温度分布画出等温线（用坐标纸画）。

（3）求出此墙角每米高度的热损失。

六、实验报告内容

1. 实验目的。

2. 实验的数据记录表。

3. 计算出节点温度值，把它们标在 $250\text{mm}\times350\text{mm}$ 的方格纸上，同时在方格纸上选定三个温度画出三根等温线。

4. 计算每米高墙角热损失，通过内外边界上的热量偏差不应大于 $\pm5\%$。

七、思考题

1. 试证明对流边界只要取 $R_2=R_3=2R_1$，$R_4=\dfrac{\lambda}{\alpha h}R_1$ 可使边界类似。

2. 墙角的两个侧面是什么边界条件？在本实验中如何实现这一条件的模拟的？

3. 分析等温线走向及温度分布情况。

实验九 雷诺实验

一、实验目的

1. 实际观察流体流动的两种型态，加深对层流和湍流的认识。
2. 测定液体（水）在圆管中流动的临界雷诺数，即下临界雷诺数，学会其测定的方法。

二、实验装置

实验装置的结构示意图如图 9-1 所示。恒水位水箱 7 靠溢流来维持水位恒定。在水箱的下部装有水平放置的长直玻璃圆管 4（雷诺仪实验管），实验管与水箱相通，恒水位水箱中的水可以过实验管恒定出流，实验管的另一端装有出水阀门 2，可用以调节出水的流量。出水阀门 2 的下面装有回水水箱和计量水箱，计量水箱里装有电测流量装置 1（由浮子、光栅计量尺和光电传感器等组成），可以在电测流量仪 3 上直接显示出实验时的流体流量［数字显示出流体出流体积 W（L）和相应的出流时间 τ（s）］。在恒水位水箱的上部装有色液罐 5，其中的有色液体可经细管引流到玻璃实验管的

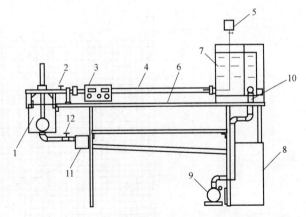

图 9-1 雷诺仪的结构示意图

1—电测流量装置及计量水箱；2—出水阀门；3—电测流量仪；4—雷诺仪实验管；5—色液罐；6—实验台；7—恒水位水箱；8—储水箱；9—水泵；10—进水阀门；11—集水槽；12—放水阀门

进口处。色液罐下部装有调节阀门，可以用来控制和调节色液流量。雷诺仪还设有储水箱 8，由水泵 9 向实验系统供水，而实验的回流液体可经集水槽 11 回流到储水箱中。

三、实验原理

雷诺揭示了重要的流体流动机理，即根据流速的大小，流体流动有两种不同的形态。当流体流速较小时，流体质点只沿流动方向作一维的运动，与其周围的流体间无宏观的混

合即分层流动，这种流动形态称层流或滞流。流体流速增大至某个值后，流体质点除流动方向上的流动外，还向其他方向作随机的运动，即存在流体质点的不规则的脉动，这种流体形态称湍流。

雷诺将一些影响流体流动形态的因素用 Re 表示，

$$Re = \frac{u \cdot d}{\nu} \tag{9-1}$$

层流与湍流之间存在一个临界雷诺数 Re_k，

$$Re_k = \frac{u_k \cdot d}{\nu} \tag{9-2}$$

$$u_k = \frac{V_s}{A} = \frac{V_s}{\pi d^2/4} \tag{9-3}$$

$$V_s = \frac{V}{\tau} \tag{9-4}$$

式中　ν——水的运动黏度（根据实验的水温，从水的黏温曲线上查得，见图9-2）；

　　　A——实验管内横截面积，m^2；

　　u_k——临界流速，m/s；

　　V_s——体积流量，m^3/s。

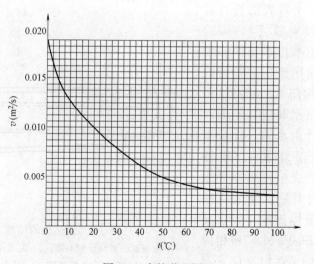

图 9-2　水的黏温图

四、实验方法及步骤

1. 实验前的准备

（1）关闭出水阀门 2。

（2）打开进水阀门 10 后，按下电测流量仪 3 上的水泵开关，启动水泵 9，向恒水位水箱放水。

（3）在水箱接近放满时，调节进水阀门 10，使水箱的水位达到溢流水平，并保持有一定的溢流。

（4）适度打开出水阀门 2，使实验管出流，此时，恒水位水箱仍要求保持恒水位，否则，可再调节进水阀门 10，使其达到恒水位，应一直保持一定量的溢流（注意：整个实验过程中都应满足这个要求）。

（5）检查并调整电测流量装置，使其能够正常工作。

（6）测量水温。

2. 进行实验，观察流态

（1）微开出水阀门 2，使实验管中的水流有稳定而较小的流速。

（2）微开色液罐 5 下的小阀门，使色液从细管中不断流出，此时，可能看到管中的色液流与管中的水流同步在直管中沿轴线向前流动，色液呈现一条细直流线，这说明在此流态下，流体的质点没有垂直于主流方向的横向运动，有色直线没有与周围的液体混杂，而是层次分明地向前流动。此时的流体即为层流（若看不到这种现象，可再逐渐关小出水阀门 2，直到看到有色直线为止）。

（3）逐渐缓慢开大出水阀门 2 至一定开度时，可以观察到有色直线开始出现脉动，但流体质点还没有达到相互交换的程度，此时，即象征为流体流动状态开始转换的临界状态（上临界点），当时的流速即为临界流速。

（4）继续开大出水阀门 2，即会出现流体质点的横向脉动，继而色线会被全部扩散与水混合，此时的流态即为湍流。

（5）此后，如果把出水阀门 2 逐渐关小，关小到一定开度时，又可以观察到流体的流态从湍流转变到层流的临界状态（下临界点）。继续关小阀门，实验管中会再次出现细直色线，流体流态又转变为层流。

以上只是认识性实验，实际观察相关的过程和现象。

3. 测定临界雷诺数 Re_k

（1）开大出水阀门 2，并保持细管中有色液流出，使实验管中的水流处于湍流状态，看不到色液的流线。

（2）缓慢地逐渐关小出水阀门 2，仔细观察实验管中的色液流动变化情况，当阀门关小到一定开度时，可看到实验管中色液出口处开始有色脉动流线出现，但还没有达到转变为层流的状态，此时，即象征为由湍流转变为层流的临界状态。

（3）在此临界状态下测量出水流的流量，具体步骤如下：

1）关闭计量水箱的放水阀门 12。

2）扳动出水阀门 2 下面的出水水嘴，使出流的水流入计量水箱中。

3）待流入计量水箱中的水已使电测流量计的浮子浮起一定高度时，即可开始计量。

① 按下电测流量仪 3 上的复位按钮，流量显示器即开始计量显示，显示出即时的出流总体积和相应的出流时间。

② 计量到适当时间后，按下电测流量仪 3 上的锁定按钮，即停止计量，并显示出计量时出流流体的总体积 V [$\times 10^{-3} m^3$] 和相应的出流时间 τ。

③ 打开放水阀门 12，把计量水箱中的水放回储水箱，再关闭阀门 12。

④ 按①、②步骤重复测量 3 次。

⑤ 将测试结果记入实验记录表中（见表 9-1）。

五、实验数据记录及处理

					实验数据记录表	表 9-1

次数	$V(\times 10^{-3}\mathrm{m}^3)$	τ(s)	V_s(m³/s)	临界流速 u_k(m/s)	临界雷诺数 Re_k	附注
						实验管内径:
						$d =$ mm
						水温： ℃

实验十　恒定流能量方程实验

一、实验目的及要求

1. 验证恒定流的能量方程。
2. 通过对水力现象的实验分析，进一步掌握有压管流中水动力学的能量转换特性。
3. 掌握流速、流量、压强等的测试方法。

二、实验装置

实验装置的示意图如图 10-1 所示。

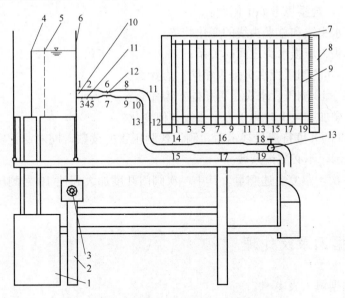

图 10-1　自循环伯努利方程实验装置示意图

1—自循环供水器；2—实验台；3—可控硅无级调速器；4—溢流板；5—稳水孔板；6—恒压水箱；7—测压计；8—滑动测量尺；9—测压管；10—实验管道；11—测压点；12—毕托管测压点；13—实验流量调节阀；14~19—测点

说明：

1. 用毕托管测压（表 10-1 中标有 ∗ 的测压管），测读毕托管探头对准点的总水头 $H'=Z+P/\gamma+u^2/2g$ 时，必须注意，一般情况下 H' 与断面总水头 $H=Z+P/\gamma+v^2/2g$ 不同（因为通常 $u\neq v$），它的水头线只能定性地表示总水头线的变化趋势。

2. 普通测压管（表 10-1 中没有标 ∗ 的测压管）用以定量测定测压管水头。

3. 调节实验流量阀 13，流量由重量法流量电测仪测量。

三、实验原理

在实验管路中沿水流方向任意取两个过水断面，可以列出能量方程

$$Z_1 + \frac{P_1}{\gamma} + \frac{\alpha_1 v_1{}^2}{2g} = Z_i + \frac{P_i}{\gamma} + \frac{\alpha_i v_i{}^2}{2g} + h_{w1-i} \qquad (10\text{-}1)$$

取 $\alpha_1 = \alpha_2 = \cdots = \alpha_n = 1$，选好基准面，从已设置的各断面的测压管中读出 $Z + P/\gamma$ 的值，测出通过管道的流量，即可计算出断面的平均流速 v，从而即可得到各断面的测压管水头和总水头。

四、实验步骤

1. 熟悉实验设备，分清哪些是普通测压管，那些是毕托管测压管，以及两者的作用、区别。

2. 打开开关供水，给水箱充水，待水箱溢流后，检查调节阀关闭后所有测压管水面是否相平。如不平，需查明原因，如连通管受阻、漏气、夹气泡等，排除故障直至调平。

3. 打开阀 13，观察思考如下问题：

(1) 测压管水头线和总水头线的变化趋势；

(2) 位置水头、压强水头之间的关系；

(3) 测点 2、3 的测压管水头是否相同？为什么？

(4) 测点 12、13 测压管水头是否相同？为什么？

(5) 当流量增加或减少时测压管水头线如何变化？

4. 调节阀 13 的开度待流量稳定后，测记各测压管的读数，同时测记实验流量。毕托管测压管用于演示，不必测记读数。

5. 变流量 2 次，重复上述测量。其中一次阀门开度加大到使 19 号测压管液面接近标尺零点。

五、实验数据记录及处理

1. 将实验数据填入表 10-1。

水箱液面高程 $\triangledown_0 = 50\text{cm}$，上管道轴线高程 $\triangledown_z = 21\text{cm}$。

实验数据记录

表 10-1

测点编号	1*	2、3	4	5	6*、7	8*、9	10、11	12*、13	14*、15	16*、17	18*、19
管径(cm)											
测点间距(cm)	4	4	6	6	4	13.5	6	10	29	16	16

注：1. 标有 * 者为毕托管测压点；

　2. 测点 2、3 为直管均匀流段同一断面上的两个测点，10、11 为弯管非均匀流段同一断面上的两个测点。

2. 将测得的 $Z + P/\gamma$ 数据填入表 10-2。

3. 计算速度水头，将数据填入表 10-3。

测点编号		2	3	4	5	7	9	10	11	13	15	17	19	流量 （cm³/s）
实验次数	1													
	2													
	3													

速度水头计算表　　　　表 10-3

管径 （cm）	$Q=$		cm³/s	$Q=$		cm³/s	$Q=$		cm³/s
	$A(\mathrm{cm}^2)$	$v(\mathrm{cm/s})$	$v^2/2g(\mathrm{cm})$	$A(\mathrm{cm}^2)$	$v(\mathrm{cm/s})$	$v^2/2g(\mathrm{cm})$	$A(\mathrm{cm}^2)$	$v(\mathrm{cm/s})$	$v^2/2g(\mathrm{cm})$
1.37									
1.00									
2.00									

4. 计算总水头，将数据填入表 10-4。

总水头计算表　　　　表 10-4

测点编号		2、3	4	5	7	9	13	15	17	19	流量（cm³/s）
实验次数	1										
	2										
	3										

5. 绘制三次实验中最大流量下的总水头线和测压管水头线。

六、思考题

1. 测压管水头线和总水头线的变化趋势有何不同？为什么？

2. 流量增加时，测压管水头线有何变化？为什么？

3. 测点 2、3 和测点 10、11 的测压管读数分别说明了什么问题？

4. 毕托管显示的总水头线与实测绘制的总水头线一般略有差异，试分析其原因。

实验十一　沿程阻力损失实验

一、实验目的及要求

1. 加深了解圆管层流和紊流的沿程阻力损失随平均流速变化的规律，掌握 $\lg h_f - \lg v$ 的关系曲线。

2. 掌握管道沿程阻力系数的测量技术，使用气-水压差计以及电测仪测量压差的方法。

3. 将测得的 $Re - \lambda$ 关系曲线与莫迪图进行比较，进一步提高实验分析能力。

二、实验装置

1. 装置示意图如图 11-1 所示。

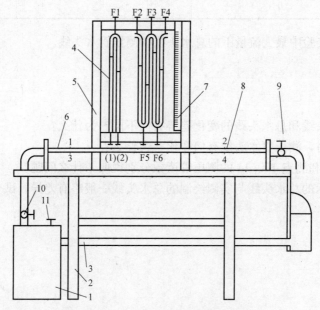

图 11-1　沿程阻力损失实验装置示意图

1—自循环供水器；2—实验台；3—回水管；4—水压差计；5—测压计；6—实验管道；

7—滑动测量尺；8—测压点；9—实验流量调节阀；10—供水阀；11—旁通阀

F1、F2、F3、F4—排气旋钮；(1)、(2)—水压差计止水夹；F5、F6—电测仪止水夹

2. 实验中用到两种压差计：

(1) 压差计，测量低压差时使用。

（2）电子量测仪，测量高压差时使用。

3．实验配套装置：

（1）自动水泵与稳压器。自循环高压恒定全自动供水器由离心泵、自动压力开关、气—水压力罐式稳压器组成。压力超过高限时自动停机，过低时自动开机。为避免水泵直接向实验管道供水引起压力波动，离心泵的输水先进入稳压器的压力罐，经稳压后再送入实验管道。

（2）旁通管与旁通阀。本实验装置配备的水泵，在小流量供水时可能时开时停，造成供水压力产生较大波动。为了避免这种情况，供水器设有与蓄水箱直通的旁通管，通过分流可使水泵持续稳定运行。旁通管上设有旁通阀，实验流量随旁通阀开度的减小而增大。旁通阀也是本装置调节流量的重要阀门之一。

（3）电测仪。

三、实验原理

根据达西公式

$$h_{\mathrm{f}}=\lambda\frac{l}{d}\frac{v^2}{2g} \tag{11-1}$$

有

$$\lambda=\frac{2gdh_{\mathrm{f}}}{l}\frac{1}{v^2}=\frac{2gdh_{\mathrm{f}}}{l}\left(\frac{\pi d^2}{4Q}\right)^2=K\frac{h_{\mathrm{f}}}{Q^2} \tag{11-2}$$

式中

$$K=\frac{\pi^2gd^5}{8l} \tag{11-3}$$

对于水平等直径圆管，根据能量方程有：

$$h_{\mathrm{f}}=\frac{P_1-P_2}{\gamma} \tag{11-4}$$

四、实验方法及步骤

1．熟悉实验装置各组成部分的作用及工作原理。检查蓄水箱水位是否够高，检查旁通阀11是否关闭。记录工作管内径以及实验管道长度。

2．启动水泵。接通电源，全开旁通阀11，打开供水阀10，水泵自动开启。

3．检查各测量系统是否正常工作。

（1）实验管道。关闭旁通阀11，全开供水阀10和实验流量调节阀9。

（2）水压差计。关闭实验流量调节阀9，全开旁通阀11，松开水压差计连通管的止水夹，开启供水阀10。待测压管液面升至一定高度时，再按照以下步骤适当降低，以保证有足够的量程，打开倒U形管的旋钮F1，全关供水阀10，待U形管液面降至10cm左右时，拧紧F1。

（3）压力传感器。关闭实验流量调节阀9，开启供水阀10，打开排气旋钮，待旋孔溢水时再拧紧，检查水压差计两测管中水位是否相平，否则按照上述步骤重新排气。

4．记录数据：

（1）调节流量。按照流量由小到大依次进行，先全开旁通阀 11，微开实验流量调节阀 9，然后逐次渐关旁通阀增大流量。流量较小时，流量增加值用水压差计的水柱差 Δh 来控制，每次增量可取 4～6mm。流量较大时用电测仪测量压差，增量由电测仪来控制，Δh 在 0.4～2m 之间，小流量时 Δh 可以小些，大流量时 Δh 可以大些。

要求：

1）当换用电测仪时，必须夹紧水压差计的连通管。

2）流量每调节一次，需稳定 2～3min，流量越小，稳定的时间越长。

3）每次测流时间不小于 8～10s，流量大时可短些。

4）变更流量不少于 10 次。

（2）记录数据，包括压差计（电测仪）的读数、流量以及温度。

（3）关闭实验流量调节阀 9，检查是否 $\Delta h = 0$，否则表明压差计已进气，必须重做实验。

（4）关闭供水阀 10，切断电源。

五、实验数据记录及处理

1. 实验台号_____ 管径 $d =$ _____ cm 测量管段长度 $l =$ _____ cm。

2. 将实验数据填入表 11-1。

3. 绘制 lg$v$-lgh_f 曲线，确定指数 m 的大小。在对数坐标纸上以 lg$v$ 为横坐标，以 lgh_f 为纵坐标，点绘出 lg$v$-lgh_f 曲线，根据数据情况连成一段或几段直线，求各段直线的斜率 m，

$$m = \frac{\lg h_{f2} - \lg h_{f1}}{\lg v_2 - \lg v_1} \tag{11-5}$$

将图上求得的 m 与已知的各流区的 m 进行比较，确定流区。已知层流区 $m = 1$，光滑紊流区 $m = 1.75$，粗糙紊流区 $m = 2.0$，紊流过渡区 $1.75 < m < 2.0$。

六、思考题

1. 为什么压差计的水柱差就是沿程阻力损失？如果实验管道安装成倾斜的，是否影响实验成果？

2. 根据实测 m 值判别本实验的流区。

3. 本次实验结果与莫迪图是否吻合？试分析其原因。常数 $K = \pi^2 g d / 8l$（cm^5/s^2）

数据记录表　　　　　　　　　　　　　　　　　　　　　表 11-1

实验次数	体积 (cm³)	时间 (s)	流量 (cm³/s)	流速 (cm/s)	水温 (℃)	黏度 (cm²/s)	雷诺数 Re	比压计/电测仪读数(cm)		沿程损失 h_f(cm)	沿程阻力系数	$\lambda = 64/Re$ $Re < 2320$
								h_1	h_2			
1												
2												
3												

| 实验次数 | 体积（cm³） | 时间（s） | 流量（cm³/s） | 流速（cm/s） | 水温（℃） | 黏度（cm²/s） | 雷诺数 Re | 比压计/电测仪读数（cm） | | 沿程损失 h_f(cm) | 沿程阻力系数 | $\lambda=64/Re$ $Re<2320$ |
								h_1	h_2			
4												
5												
6												
7												
8												
9												

实验十二 局部阻力损失系数实验

一、实验目的

用实验的方法确定突扩和突缩两种情况的局部阻力系数。

二、实验原理

1. 突然扩大

（1）实验方法：

$$h_j = [(Z_1 + p_1/\rho g) + av_1^2/2g] - [(Z_2 + p_2/\rho g) + av_2^2/2g]$$

$$\xi_e = h_j/[v_1^2/2g] \tag{12-1}$$

（2）理论方法：

$$\xi_e = (1 - A_1/A_2)^2 \tag{12-2}$$

2. 突然缩小

（1）实验方法：

$$h_j = [(Z_3 + P_3/\rho g) + av_3^2/2g] - [(Z_4 + P_4/\rho g) + av_4^2/2g]$$

$$\xi_e = h_j/[v_4^2/2g] \tag{12-3}$$

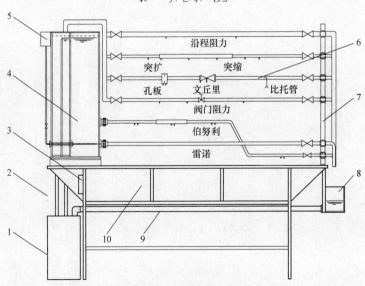

图 12-1 流体力学综合实验台

1—储水箱；2—上回水管；3—电源插座；4—恒压水箱；5—墨盒；
6—实验管组段；7—支架；8—计量水箱；9—回水管；10—实验桌

48

（2）理论方法：

$$\xi_s = 0.5(1 - A_4/A_3) \qquad\qquad (12\text{-}4)$$

三、实验仪器和设备

该实验的实验台如图 12-1 所示。

四、实验步骤

1. 测记实验管径、水温等。
2. 打开水泵，排除实验管道中的滞留气体及测压管气体。
3. 打开出水阀至最大开度，等流量稳定后测记测压管读数，同时用体积法计量流量。
4. 打开出水阀开度 3 次，分别测记测压管读数及流量。

五、问题讨论

试分析用实验的方法得到的局部阻力系数与用公式得到的有差别的主要原因。

六、实验数据记录与处理

$d_1 =$ $d_2 =$ $d_3 =$ $d_4 =$

次序	流量（cm³/s）			测压管读数（cm）					
	体积	时间	流量	1	2	Δh_{1-2}	3	4	Δh_{3-4}
1									
2									
3									

实验十三　热管换热器实验

一、实验目的

1. 了解热管换热器实验台的工作原理。
2. 熟悉热管换热器实验台的使用方法。
3. 掌握热管换热器换热量 Q 和传热系数 K 的测试和计算方法。

二、实验台的结构和工作原理

热管换热器实验台的结构如图 13-1 所示。

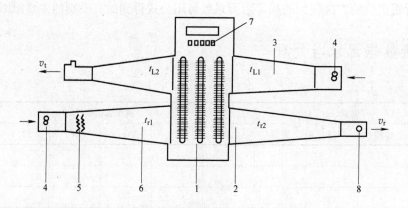

图 13-1　热管换热器实验台结构简图
1—翅片热管；2—热段风道；3—冷段风道；4—风机；5—电加热器；
6—热电偶；7—测温切换琴键开关；8—风速测孔

热段中的电加热器使空气加热，热风经热段风道时，通过翅片热管进行换热和传递，从而使冷段风道的空气温度升高。利用风道中的热电偶对冷、热段的进出口温度进行测量，并用热球风速仪对冷热段的出口风速进行测量，从而可以计算出换热器的换热量和传热系数 K。

三、实验台参数

冷段出口面积 $F_L = 0.785 \times 0.08^2 = 0.005 \mathrm{m}^2$；热段出口面积 $F_r = 0.005 \mathrm{m}^2$；冷段传热表面积 $f_L = 0.09 \mathrm{m}^2$；热段传热表面积 $f_r = 0.132 \mathrm{m}^2$。

四、实验步骤

1. 连接电位差计和冷端热电偶（如无冰瓶条件，可不接冷端热电偶，而将冷端热电偶的接线柱短路，这样，测出的温度应加上室温）。

2. 接通电源。

3. 将工况开关置于"工况1"位置（弱热），此时电加热器和风机开始工作。

4. 用热球风速仪在冷、热段出口的测孔中测量风速（为使测量工作在风道温度不超过40℃的情况下进行，必须在开机后立即测量）。风速仪使用方法请参阅该仪器说明书。

5. 待工况稳定后（约20min），按下琴键开关，切换测温点，逐点测量冷热段进出口温度 t_{L1}，t_{L2}，t_{r1}，t_{r2}（参看试验台结构图）。

6. 将"工况开关"置于"工况2"（强热挡）位置，重复上述步骤，测量工况2冷热段进出口温度。

7. 实验结束后，切断所有电源。

五、实验数据处理

1. 将实验中测得的数据填入表13-1中。

实验数据记录表 表 13-1

工况	序号	风速(m/s)		冷、热段进出口热电势(MV)				备注
		冷段 v_L	热段 v_r	t_{L1}	t_{L2}	t_{r1}	t_{r2}	
Ⅰ	1							
	2							
	3							
	平均							
Ⅱ	1							
	2							
	3							
	平均							

注：将实验所用的仪器名称、规格、编号及实验日期、室温等填入上表的备注中。

2. 计算换热量、传热系数及热平衡误差：

（1）工况1（弱热）

冷段换热量：$Q_L = 0.28(3600\overline{v_L} \cdot F_L \cdot \rho_L)(t_{L2} - t_{L1})$ [W]

热段换热量：$Q_r = 0.28(3600\overline{v_r} \cdot F_r \cdot \rho_r)(t_{r1} - t_{r2})$ [W]

热平衡误差 $\delta = (Q_r - Q_L)/Q_r$ （%）

传热系数 $K = Q_L/f_L \Delta t$ [W/(m² · K)]

$\overline{v_L}$，$\overline{v_r}$——冷热段出口平均风速，m/s；

F_L，F_r——冷热段出口平均面积，m²；

t_{L1}，t_{L2}，t_{r1}，t_{r2}——冷热段进出口平均风温，℃；

ρ_L，ρ_r——冷热段出口空气密度，kg/m^3；

f_L——冷段传热面积，m^2。

$$\Delta t = \frac{t_{r1} + t_{L2}}{2} - \frac{t_{r2} + t_{L1}}{2}$$

（2）工况 2（强热）

计算方法同上。

将上面的数据整理所求得的两种工况的实验结果填入表 13-2，并进行比较分析。

两种工况的实验结果

表 13-2

工况	冷段换热量 Q_L （W）	热段换热量 Q_r （W）	热平衡误差 δ （%）	传热系数 K $[W/(m^2 \cdot K)]$
1				
2				

实验十四　换热器综合实验

换热器性能测试实验，主要对应用较广的间壁式换热器中的三种换热：套管式换热器、螺旋板式换热器和列管式换热器进行其性能的测试。其中，对套管式换热器和螺旋板式换热器可以进行顺流和逆流两种流动方式的性能测试，而列管式换热器只能作一种流动方式的性能测试。实验装置如图14-1所示。

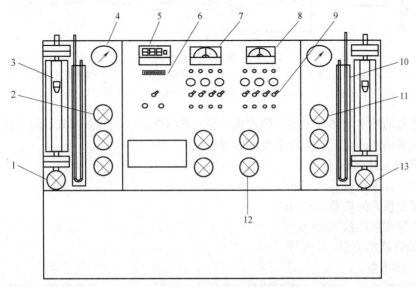

图 14-1　实验装置结构图

1—热水流量调节阀；2—热水螺旋板、套管、列管启闭阀门组；3—冷水流量计；4—换热器进口压力表；

5—数显温度计；6—琴键转换开关；7—电压表；8—电流表；9—开关组；10—冷水出口压力计；

11—冷水螺旋板、套管、列管启闭阀门组；12—逆顺流转换阀门组；13—冷水流量调节阀

换热器性能试验的内容主要为测定换热器的总传热系数、对数传热温差和热平衡误差等，并就不同换热器、不同两种流动方式、不同工况的传热情况和性能进行比较和分析。

一、实验目的

1. 熟悉换热器性能的测试方法。
2. 了解套管式换热器、螺旋板式换热器和列管式换热器的结构特点及其性能的差别。
3. 加深对顺流和逆流两种流动方式换热器换热能力差别的认识。

二、实验装置

本实验装置冷水可用阀门换向进行顺逆流实验，其工作原理如图14-2所示。换热形

式为热水—冷水换热式。

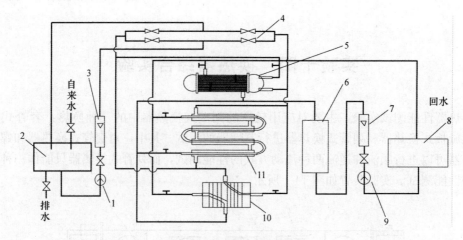

图 14-2 换热器工作原理图

1—冷水泵；2—冷水箱；3—冷水浮子流量计；4—冷水顺逆流换向阀门组；5—列管式换热器；6—电加热水箱；
7—热水浮子流量计；8——回水箱；9—热水泵；10—螺旋板式换热器；11—套管式换热器

本实验台的热水加热采用电加热方式，冷—热的进出口温度采用数显温度计，可以通过琴键开关来切换测点。试验台主要参数如下：

1. 换热器换热面积 F：

(1) 套管式换热器具 0.45m²；

(2) 螺旋板式换热器 0.65 m²；

(3) 列管式换热器 1.05 m²。

2. 电加热器总功率：9.0kW。

3. 冷、热水泵：

允许工作温度：<80℃；额定流量：3m³/s；扬程：12m；电机电压：220V；电机功率：370W。

4. 转子流量计型号：

型号：LZB—15；流量：40~400L/h；允许温度范围：0~120℃。

三、实验操作

1. 实验前准备

(1) 熟悉实验装置及使用仪表的工作原理和性能。

(2) 打开所要实验的换热器阀门，关闭其他阀门。

(3) 按顺流（或逆流）方式调整冷水换向阀门的开或关。

(4) 向冷—热水箱充水，禁止泵无水运行（热水泵启动，加热才能供电）。

2. 实验操作

(1) 接通电源；启动热水泵（为了提高热水升温速度，可先不启动冷水泵），并调整好合适的流量；

(2) 调整温控仪，使其能使加热水温控制在80℃以下的某一指定温度；

（3）将加热器开关分别打开（热水泵开关与加热开关已进行联锁，热水泵启动，加热才能供电）；

（4）利用数显温度计和温度测点选择器开关按钮，观察和检测换热器冷—热流体的进出口温度。待冷—热流体的温度基本稳定后，既可测读出相应测温点的温度数值，同时测读转子流量计冷—热流体的流量读数；把这些测试结果记录在实验数据记录表中（见表14-1）；

（5）如果需要改变流动反向（顺—逆流）的试验，或需要绘制换热器传热性能曲线而要求改变工况［改变冷水（热水）流速（或流量）］进行试验，或需要重复进行试验时，都要重新安排试验，试验方法与上述实验基本相同，并记录下这些试验的测试数据；

（6）实验结束后，首先关闭电加热器开关，5min后切断全部电源。

实验数据记录表　　　　　　　　　　　　　　表 14-1

换热器名称　　　　　　　　　　　　　　环境温度 $t_0 =$　　℃

顺逆流	热流体			冷流体		
	进口温度 T_1(℃)	出口温度 T_2(℃)	流量计读数 v_1(L/h)	进口温度 t_1(℃)	出口温度 t_2(℃)	流量计读数 V_2(L/h)
顺流						
逆流						

四、实验数据处理

1. 数据计算

热流体放热量：$Q_1 = C_{p1} \cdot m_1 \cdot (T_1 - T_2)$（W）

冷流体放热量：$Q_2 = C_{p2} \cdot m_2 \cdot (t_1 - t_2)$（W）

平均换热量：$Q = \dfrac{Q_1 + Q_2}{2}$（W）

热平衡误差：$\Delta = \dfrac{Q_1 - Q_2}{2} \times 100\%$

对数传热温差：$\Delta_1 = \dfrac{\Delta T_1 - \Delta T_2}{\ln (\Delta T_1 / \Delta T_2)} = \dfrac{\Delta T_2 - \Delta T_1}{\ln (\Delta T_2 / \Delta T_1)}$ （℃）

传热系数：$K = Q/(F \cdot \Delta_1)$ ［W/(m²·℃)］

式中　C_{p1}，C_{p2}——热、冷流体的定压比热，J/(kg·℃)；

　　　m_1，m_2——热、冷流体的质量流量[①]，kg/s；

---

① ［注］：热、冷流体的质量流量 m_1，m_2 是根据修正后的流量计积流量读数 V_1，V_2 再换成的质量流量值。

注意事项：热流体在热水相中加热温度不得超过 80℃；试验台使用前应加接地线，以保安全

T_1，T_2——热流体的进出口温度，℃；

t_1，t_2——冷流体的进出口温度，℃；

F——换热器的换热面积，m^2。

$$\Delta T_1 = (T_1 - t_2);$$

$$\Delta T_2 = (T_2 - t_1)。$$

2. 绘制传热性能曲线

（1）以传热系数为纵坐标，冷水（热水）流速（或流量）为横坐标绘制传热性能曲线；

（2）对三种不同形式换热器的性能进行比较。

实验十五　制冷循环演示实验

一、实验目的及要求

1. 了解制冷系统的组成。
2. 观察各部件的工作过程。冷凝器中气态制冷剂被冷却后沿冷却盘管成滴状流下。蒸发器中液态制冷剂吸收加热盘管的热量沸腾气化的过程。活塞式压缩机的工作过程。

二、实验装置

演示实验的制冷过程是采用液体气化制冷的蒸汽压缩式制冷。工作原理是使制冷剂在压缩机、冷凝器、膨胀阀和蒸发器等热力设备中进行压缩、放热、节流和吸热四个主要热力过程以完成制冷循环。装置示意图见图 15-1。其中采用的压缩机是冰箱用全封闭活塞式制冷压缩机，优点是体积小、噪声低、封闭性能好、结构紧凑。本装置的最大特点是在上半部装有玻璃罩，可直接观察到压缩机的工作过程。冷凝器和蒸发器有防爆罩，罩内有盘管，盘管内通自来水向冷凝器提供冷却水，使气态制冷剂变成液态；向蒸发器提供热水，使制冷剂吸热蒸发。实验过程中冷凝器内制冷剂不断增加，达到一定液位时，浸没在其中的浮子在浮力的作用下浮起来。电磁阀打开，使制冷剂返回到蒸发器中，从而使制冷剂在本装置中自动循环。为防止浮球失灵，装置设有手动回液阀。

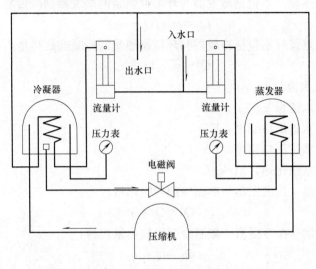

图 15-1　实验装置示意图

三、实验方法及步骤

1. 启动压缩机前首先打开冷却水，否则不可开机。回液阀放在自动位置上。

2. 运行时蒸发压力为负压，冷凝压力在 0MPa 左右均属正常。注意冷凝器内的压力最大不能超过 0.2MPa。冷凝器的压力可通过调节水的流量来控制，如果调节水量不能起作用时，可认为系统中已渗入空气。

3. 水温过低时，蒸发器内制冷剂的蒸发效果不明显，可将加热器打开，以增加蒸发器的进水温度。

4. 待系统温度稳定后，进行数据测量和记录。测得环境温度、蒸发温度、冷凝温度、冷却水进出口温度、冷冻水进出口温度。每 10min 取一组数据，连续测 4 次。

四、实验数据记录及处理

为了便于观察制冷剂的工作状态变化，演示仪中的冷凝器、蒸发器外壳是透明的，未加保温，这样其表面与周围环境就有传热存在。此外，压缩机表面也有散热损失，这样由制冷设备与周围环境的传热量在计算中应予以考虑。

经过标定，冷凝器、蒸发器与周围环境的传热量按照下列公式计算：

$$q_c = 0.8(t_a - t_c) \times 10^{-3} \tag{15-1}$$

$$q_e = 0.8(t_a - t_e) \times 10^{-3} \tag{15-2}$$

式中　q_c——冷凝器与周围环境的传热量，kW；

　　　q_e——蒸发器与周围环境的传热量，kW；

　　　t_a——实验环境的空气温度，℃；

　　　t_c——冷凝温度，℃；

　　　t_e——蒸发温度，℃。

蒸发器盘管吸热量（不包括蒸发器与环境换热量的蒸发器制冷量）为：

$$Q_e = m_e c_p (t_1 - t_2) \tag{15-3}$$

冷凝器盘管放热量（不包括冷凝器与环境换热量的冷凝器放热量）为：

$$Q_c = m_c c_p (t_4 - t_3) \tag{15-4}$$

式中　m_e——冷冻水流量 kg/s；

　　　m_c——冷却水流量 kg/s；

　　t_1，t_2——冷冻水进出口温度，℃；

　　t_3，t_4——冷却水进出口温度，℃；

　　　c_p——水的定压比热，kJ/kg℃。

蒸发器的制冷量（在蒸发器一侧制冷剂的吸热量）为：

$$Q_0 = Q_e + q_e \tag{15-5}$$

冷凝器的放热量（在冷凝器一侧制冷剂的放热量）为：

$$Q_k = Q_c + q_c \tag{15-6}$$

将上述数据及计算结果填入表 15-1 中。

实验数据记录表

表 15-1

序号	时间	t_a	t_e	t_c	q_c	q_e	t_1	t_2	t_3	t_4	Q_e	Q_c	Q_0	Q_k

实验十六　空气含尘浓度的测定实验

一、实验目的及要求

通过实验掌握工作区空气含尘浓度的测定方法，学会正确使用滤膜采样装置，并深刻体会到正确评价环境粉尘浓度的重要性。

二、实验装置

FC-2 型粉尘采样装置 1 台，滤膜数片，分析天平 1 台，计时器 1 个，大气压表 1 个。

三、实验原理

在测定地点用抽气机抽取一定体积的含尘空气，当它通过滤膜采样器中的滤膜时，粉尘被阻留在滤膜上。根据采样前后滤膜的增重和总抽气量，即可算出单位体积空气中的含尘质量浓度（mg/m³）。

四、实验方法及步骤

1. 滤膜的准备。用感量为万分之一克的分析天平进行滤膜称重，记录质量并编号。
2. 现场采样。将粉尘采样装置架设在测尘地点（距离地面 1.5m 左右），检查采样装置是否严密。抽气机开动后，迅速调整采样流量至 25L/min（通常为 15～30L/min），同时进行计时。在整个采样过程中流量应保持稳定。
3. 含尘浓度计算

采样流量 L'_j 由转子流量计测出。转子流量计是在 $t=20℃$，$P=101325Pa$ 的状况下标定的，实验时需要按照下式进行流量修正：

$$L_j=L'_j \sqrt{\frac{101325 \times (273+t)}{(B+P) \times (273+20)}} \tag{16-1}$$

式中　L_j——实际流量，L/min；

$\quad\quad L'_j$——流量计读数，L/min；

$\quad\quad B$——当地大气压，Pa；

$\quad\quad P$——流量计前压力表（真空表）读数，Pa；

$\quad\quad t$——流量计前温度计读数，℃。

实际抽气量 V_τ：

$$V_{\tau}=L_j\tau \tag{16-2}$$

式中 τ ——采样时间，min。

将 V_{τ} 换算成标准状况下的体积 V_0：

$$V_0=V_{\tau}\cdot\frac{273}{273+t}\cdot\frac{B+P}{101325} \tag{16-3}$$

空气含尘浓度（mg/m³）为，

$$y=\frac{G_2-G_1}{V_0}\times10^3 \tag{16-4}$$

式中 G_1、G_2——采样前后滤膜的质量，mg。

两个平行样品测出的含尘浓度偏差小于 20% 时，为有效样品，取其平均值作为该采样点的含尘浓度，否则应重新采样。

五、实验数据记录及处理

将测试数据填入表 16-1 中。

空气含尘浓度测定数据记录及处理　　　　　　　　　　　　　　表 16-1

大气压：

次数	P(Pa)	t(℃)	L'_j (L/min)	τ(min)	G_1(mg)	G_2(mg)	L_j (L/min)	V_{τ}(L)	V_0(L)	y (mg/m³)
1										
2										
3										
4										
5										
6										

六、思考题

1. 计算含尘浓度时为什么要把采气量折算成标准状态？

2. 车间空气温度 $t=30℃$，大气压力 $P=87.2$kPa，采样时转子流量计读数为 20L/min，流量计前温度 $t_1=30℃$，压力 $P_1=-2.8$kPa，采样时间为 20min，采样前滤膜重 38.2mg，采样后滤膜重 45.1mg，求空气中的含尘浓度。

实验十七　旋风除尘器性能测定实验

一、实验目的及要求

　　旋风除尘器的性能主要包括：除尘器进口速度、阻力、全效率、分级效率和气流含尘浓度对效率的影响等。本实验只对进口速度和阻力的关系与全效率进行测定，使同学们熟悉旋风除尘器的性能的基本测试方法。

二、实验装置

　　旋风除尘器结构示意图如图 17-1 所示。

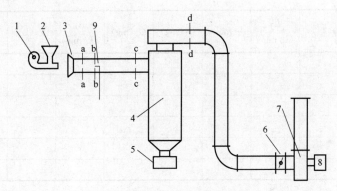

图 17-1　旋风除尘器结构示意图

1—吹尘机；2—加灰器；3—进口流量管；4—旋风除尘器微压计；5—集尘斗；6—风量调节阀；

7—风机；8—电机；9—皮托管；a—a，b—b，c—c，d—d 测压截面

三、实验原理

1. 气象参数

　　气象参数测定包括空气的温度、相对湿度、大气压力和密度。空气的温度和相对湿度用干湿球温度计测定，大气压力用水银大气压力计测量，干空气的密度（kg/m³）可按下式进行计算：

$$\rho = \frac{B}{287(273+t)} \tag{17-1}$$

式中　B——大气压力，Pa；

　　　t——空气温度，℃。

实验过程中，一般要求空气相对湿度≤75%。

2. 除尘器进口速度、阻力

为确定除尘器进口速度与阻力的关系，应测定若干组进口速度与阻力的对应值。本实验要求至少测定 3 组数据。

（1）除尘器进口速度

采用进口流量管测量除尘器的进口速度（m/s），可按下式计算：

$$V_a = d\frac{F}{f}\sqrt{\frac{2}{\rho}|P_{ad}|} \qquad (17-2)$$

式中　d——流量系数，圆弧形流量管 $d=0.99$；

　　　F——流量管出口截面积，m²；

　　　f——除尘器进口截面积，m²；

　　$|P_{ad}|$——a—a 截面动压的绝对值，Pa。

（2）除尘器阻力

除尘器进出口的全压差为除尘器阻力。实验时，因测压截面离除尘器进出口较远，故其阻力按下式计算：

$$\Delta P = (P_{cq} - P_{dq}) - (\Delta P_m + Z) \qquad (17-3)$$

式中　P_{cq}——c—c 截面全压 $P_{cq} = P_{cj} + P_{cd}$，Pa；

　　　P_{dq}——d—d 截面全压 $P_{dq} = P_{dj} + P_{dd}$，Pa；

　　ΔP_m——测量截面至进出口间摩擦阻力，Pa；

　　　　Z——测量截面至进出口之间的局部阻力，Pa。

局部阻力系数按下式求出：

$$\xi = \frac{\Delta P}{P_{dj}} \qquad (17-4)$$

式中　P_{dj}——d 点的静压。

（3）除尘器全效率

测定除尘器全效率一般采用下列两种方法：

1）质量法

只需测出进入除尘器的粉尘质量和除尘器除下的粉尘质量，即可计算其全效率：

$$\eta = \frac{G_2}{G_1} \times 100\% \qquad (17-5)$$

式中　G_1——除尘器的进尘量，g；

　　　G_2——除尘器的集尘量，g。

2）浓度法

采用静压平衡调尘浓度测定仪（或动压平衡等速调尘浓度测定仪），同时测出除尘器前后风道中空气的含尘浓度，则除尘器的全效率为：

$$\eta = \frac{Y_1 - Y_2}{Y_1} \times 100\% \qquad (17-6)$$

式中　Y_1——除尘器前空气含尘浓度，g/m³；

　　　Y_2——除尘器后空气含尘浓度，g/m³。

本实验采用质量法测定除尘器的全效率。

四、实验方法及步骤

1. 首先检查设备系统外况和全部电气连接线有无异常（如管道设备有无破损，卸灰装置是否安装紧固等），一切正常后开始操作。

2. 打开电控箱总开关，合上触电保护开关。

3. 在风量调节阀关闭的状态下，启动电控箱面板上的主风机开关。

4. 调节风量调节开关至所需的实验风量。

5. 将一定量的粉尘加入到自动发尘装置灰斗，然后启动自动发尘装置电机，并可调节转速控制加灰速率。

6. 启动显示屏开关，读取实验系统自动采集到的风量、风速、风压、除尘效率、粉尘出入口浓度、环境空气湿度和温度数据；也可启动打印开关，将数据输出。

7. 调节风量调节开关、发尘旋钮，进行不同处理气体量、不同粉尘浓度下的实验。

8. 实验完毕后依次关闭发尘装置、主风机，并清理卸灰装置。

9. 关闭控制箱主电源。

10. 检查设备状况，没有问题后离开。

五、实验数据记录

将实验数据记入下表。

环境温度		环境湿度	
工况 1			
风量		风速	
粉尘入口浓度		粉尘出口浓度	
风压		效率	
工况 2			
风量		风速	
粉尘入口浓度		粉尘出口浓度	
风压		效率	

六、实验结果讨论

1. 旋风除尘器的除尘效率和压力损失随处理气体量的变化规律是什么？它对旋风除尘器的选择和运行控制有何意义？

2. 你认为实验中还存在什么问题？应如何改进？

实验十八　离心通风机性能测试实验

一、实验目的

1. 通过测试与计算，求得通风机在标准进气状态下所产生的风量、风压，所耗功率及其效率，并绘出其特性曲线。

2. 熟悉测定风压及电功率的装置，了解常用仪表的使用方法。

二、装置及仪器

1. 本实验装置按照《通风机空气动力性能试验方法》GB 1236—85 的要求进行布置，其形式为抽气式即进气式，如图 18-1 所示。

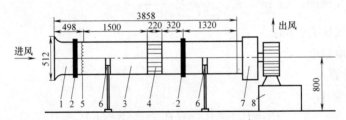

图 18-1　实验装置图

1—圆弧形集流器；2—静压环；3—实验风洞；4—整流格栅；5—金属集流网；
6—支架；7—实验风机；8—风机支架

2. 实验中使用的仪表：

(1) 斜管式压力计或数字微压计：两只；

(2) 低功率因数瓦特表：两只或 VIPI 数字测功仪一只；

(3) 闪光转速表：一只；

(4) 空盒气压表：一只；

(5) 玻璃水银温度计：一只。

三、试验步骤

1. 熟悉仪表的使用方法。

2. 检查仪表连接是否正确，风筒各处是否漏气，风机叶轮转动是否灵活，叶轮转向是否正确。

3. 记录实验时的空气参数（大气压力、温度）。

4. 记录设备及仪表的型号、规格，风筒直径与风机的出口尺寸。

5. 按下测试风机启动按钮，用变频器启动风机，并将输出频率调至 50Hz。

6. 待风机转动正常后，方可进行测试。

7. 测试时，通过在钢丝网上贴碎橡胶片来改变工况，风量由大变小逐步调节。对于某一工况点，其所有参数应同时测量，并做好记录。

8. 实验完毕后，切断电源，收拾仪表（测量转速时，应将转速表的发射光对准电机上的反射标记）。

四、计算公式

1. 风量的计算

根据进风口集流器处所测得的静压 P_n 可计算出通过集流器的风量。

$$Q = 4.429 \alpha_n A_n \sqrt{\Delta P_n / r_a} \, (m^3/s) \tag{18-1}$$

式中　α_n——集流器的流量系数，取 0.99；

　　　A_n——集流器的喉部面积，m^2；

　　　P_n——集流器喉部静压，mmH_2O；

　　　r_a——大气密度，kg/m^3，$r_a = \dfrac{B}{287(273+t)}$；

　　　B——大气压力，Pa；

　　　t——环境温度，℃。

2. 压力的计算

风机进口处全压

$$P_1 = P_{st1} + P_{d1} = (P_{e \cdot st1} - \Delta_1) + P_{d1} \tag{18-2}$$

风机出口处全压

$$P_2 = P_{st2} + P_{d2} = P_{d2} \tag{18-3}$$

风机全压

$$P = P_2 - P_1 = (P_{d2} - P_{d1}) - (P_{e \cdot st1} - \Delta_1) \tag{18-4}$$

其中

$$\Delta_1 = P_{d1}(0.025L_1/D_1) \tag{18-5}$$

$$P_{d1} = \frac{\gamma_a}{2}\left(\frac{Q}{A_1}\right)^2 \tag{18-6}$$

$$P_{d2} = \frac{\gamma_a}{2}\left(\frac{Q}{A_2}\right)^2 \tag{18-7}$$

式中　P_{st1}——风机进口静压，Pa；

　　$P_{e \cdot st1}$——风机进口压计测量值（负值），Pa；

　　　P_{st2}——风机出口静压，Pa；

　　　Δ_1——进口管路静压测量点与通风机进口间管路压力损失，Pa；

　　　A_1——风机进口管路截面积，m^2；

　　　A_2——风机出口管路截面积，m^2；

L_1——风机进口管路静压测量点与通风机进风口间长度，m；

D_1——风机进口管路直径，m。

3. 轴功率与效率计算

$$N_{sh} = N_{dj} \cdot \eta_{dj} \tag{18-8}$$

$$\eta = \frac{N_y}{N_{sh}} \times 100\% = \frac{Q \cdot P}{N_{sh}} \times 100\% \tag{18-9}$$

式中　N_{sh}——风机轴功率，W；

N_{dj}——风机电机的输入功率（数字测功仪读数），W；

η_{dj}——风机电机效率，取 0.78；

N_y——风机的有效功率，W；

η——风机的全压效率。

4. 试验状态与标准状态间的换算

$$Q_0 = Q \cdot \frac{n_0}{n} \tag{18-10}$$

$$P_0 = P \cdot \frac{r_0}{r_a} \cdot \left(\frac{n_0}{n}\right)^2 \tag{18-11}$$

$$N_0 = N_{sh} \cdot \frac{r_0}{r_a} \cdot \left(\frac{n_0}{n}\right)^3 \tag{18-12}$$

式中：n_0——风机的额定转速，取 1450r/min；

n——风机的实测转速，r/min；

r_0——标准进气状态下的空气密度，1.2kg/m³；

r_a——测试时大气密度，kg/m³。

实验数据及计算结果填入表 18-1 和表 18-2 中。

通风机进气式试验记录表　　　　　　　　　　　　表 18-1

班级＿＿＿＿＿＿＿＿＿＿　姓名＿＿＿＿＿＿＿＿＿＿　年＿＿＿＿月＿＿＿＿日

风　机		电　机		风　管		大 气 条 件	
参数		参数		风筒尺寸(mm)		干球温度(℃)	
风量(m³/h)		电压(V)		进风口面积 A_1(m²)		大气压(kPa)	
风压(kg/m²)		电流(A)		出风口尺寸(mm)		mmH₂O	
转速(r/min)		功率(kW)		出风口面积 A_2(m²)		空气容重(kg/m³)	
功率(kW)		转速(r/min)		集流器系数 α_n		气压表型号	
功率表型号		规格				转速表型号	
压力计(1)型号		常数因子		压力计(2)型号		常数因子	

次数 项目数值	1	2	3	4	5	6	7	8	9	10
电机输入功率(W)										
压力计(1)的读数										
ΔP_n(mmH₂O)										
压力计(2)的读数										
$P_{e \cdot st1}$(mmH₂O)										
风机转速(r/min)										

测试人员：

工况点 / 数值 / 项目	1	2	3	4	5	6	7	8	9	10
$Q = 4.429 \alpha_n A_n \sqrt{\Delta P_a / r_a}$ (m³/s)										
$P_{d1} = (\gamma_a / 2) \cdot (Q/A_1)^2$ (Pa)										
$\Delta_1 = P_{d1}(0.025 L_1 / D_1)$ (Pa)										
$P_1 = (P_{e \cdot st1} - \Delta_1) + P_{d1}$ (Pa)										
$P_2 = P_{d2} = (\gamma_a / 2) \cdot (Q/A_2)^2$ (Pa)										
$P = P_2 - P_1$ (Pa)										
$N_{sh} = N_{dj} \cdot \eta_{dj}$ (W)										
$\eta = (Q \cdot P / N_{sh}) \times 100\%$										
$Q_0 = Q \cdot (n_0 / n) \times 3600$ (m³/h)										
$P_0 = P \cdot (r_0 / r_a) \cdot (n_0 / n)^2$ (Pa)										
$N_0 = N_{sh} \cdot \dfrac{r_0}{r_a} \cdot \left(\dfrac{n_0}{n}\right)^3$ (W)										

实验十九　散热器热工性能测定

一、实验目的

1. 掌握散热器工作原理及实验用途。
2. 学会散热器散热量的计算及传热系数 α 的计算。

二、实验装置参数

散热器型号为 BTLZ—1/040；接口距离：344/80（mm）；外型尺寸：高×宽×厚＝400mm×80mm×52mm；管径：20mm。

三、实验原理及流程图

散热器的散热量是通过进出口温度差造成的，通过实验读出温度差，在根据公式就可以算出散热器的散热量，进而求出传热系数。

散热器散热量的计算：

$$Q=\rho VC_{p}(t_2-t_1)=\alpha S(t_w-t_空)$$

$$(19\text{-}1)$$

式中　Q——散热量，J；

ρ——进出口平均温度下的密度，kg/m^3；

V——转子流量计流量，m^3/s；

C_{p}——进出口平均温度下的比热，kJ/(kg·℃)；

t_2——进口温度，℃；

t_1——出口温度，℃；

α——传热系数，W/(m^2·℃)；

S——散热面积，m^2；

t_w——壁温，℃；

$t_空$——空气温度，℃。

实验装置如图 19-1 所示。

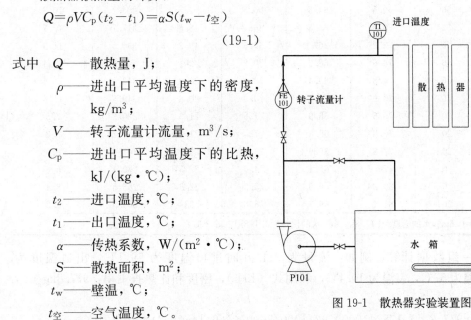

图 19-1　散热器实验装置图

四、实验步骤

1. 把装置水箱内加入一定量的水（如：水箱内 1/2，务必要使水覆盖加热棒），打开电源总开关，打开加热开关开始加热，加热 30min，加热电压缓慢加热最后调到需要电压即可，如 150V。

2. 把各个阀门调到一定位置，打开水泵开关，调节转子流量计，调到需要的流量，稳定一段时间，要放一下散热器内的空气。在进口温度基本保持不变，温差较小的时候开始记录数据，主要记录进出口温度、壁温、空气温度。每隔 5min 记录一次，记录 5 个数据后改变流量，一共记录 3 组。

3. 实验结束后先关加热电压，即把电压调到最小，再关闭水泵开关，然后把阀门调到最大，放出装置内的水。最后关闭总电源。

五、数据处理方法与算例

时间(min)	流量(L/h)	进口温度(℃)	出口温度(℃)	壁温(℃)	室温(℃)	散出热量(J)	α [W/(m²·℃)]
0	92	59.1	55.2	57	10.4	407.2	14.6
5	92	60.8	57.3	58	13.4	365.4	13.7
10	92	62.4	58.9	60	15.2	365.4	13.6
15	92	64	60.6	62.1	16.5	355.0	13.0
20	92	65.6	62.3	63.3	16.9	344.5	12.4
25	92	67.2	63.9	64.5	17.2	344.5	12.1
30	92	68.6	65.3	65.6	17.8	344.5	12.0
35	56	69.5	64.8	66.5	18	298.7	10.3
40	56	70.8	65.8	68	18.5	317.7	10.7
45	56	72.2	67	69.5	19.2	330.5	11.0
50	56	73.6	68.2	70.2	20	343.2	11.4
55	56	74.8	69.4	70.6	20.3	343.2	11.4
60	56	75.9	70.4	70.9	20.8	349.5	11.6
65	20	75.6	65.9	71.5	21.3	220.2	7.3
70	20	76.8	65.8	72	21.8	249.7	8.3
75	20	77.8	66.9	73.6	22.2	247.4	8.0
80	20	79	67.1	74.6	22.5	270.1	8.6
85	20	80.2	68.5	75.5	22.8	265.5	8.4
90	20	81.4	69.7	76.8	23	265.5	8.2

散热面积=0.6m²；水的密度=977.8kg/m³；水的比热=4.178kJ/(kg·℃)。

取其中一组数据计算，例如：流量为 92L/h 时进口温度为 59.1℃，出口温度为 55.2℃，壁温为 57℃，室温为 10.4℃，利用式（19-1），密度和比热查书得：977.8kg/m³，4.178kJ/(kg·℃)。

所以 $Q=977.8×4.178×1000×92/1000/3600×(59.1-55.2)=407.2J$

$$\alpha=407.2/0.6/(57-10.4)=14.6W/(m^2·℃)。$$

六、实验数据记录

实验数据记入表 19-1。

实验数据记录表   表 19-1

时间(分)	流量(L/h)	进口温度(℃)	出口温度(℃)	壁温(℃)	室温(℃)	散出热量(J)	$\alpha[W/(m^2 \cdot ℃)]$
0							
5							
10							
15							
20							
25							
30							
35							
40							
45							
50							
55							
60							
65							
70							
75							

散热面积＝0.6m²；水的密度＝977.8kg/m³；水的比热＝4.178kJ/(kg·℃)。

七、注意事项

加热电压要缓慢增加，以避免把加热器烧坏，水箱内水要加到水箱覆盖加热棒的位置，避免水过少致使加热器干烧。水泵运行时散热器要排气，以避免里面有气泡造成数据不准确。实验结束要先关闭加热电压开关，再把加热电压控制器调到最小，最后关水泵开关。关闭总电源。

实验二十　玻璃管热水供暖系统演示实验

一、实验目的及要求

1. 了解热水供暖系统的组成及散热器的各种连接方式。
2. 了解供暖系统中主要部件的作用及安装位置，观察系统在注水时的排气现象。
3. 掌握热水供暖系统的形式及其优缺点。

二、实验装置

　　热水供暖演示系统主要由散热器、管道阀门、循环水泵、膨胀水箱、集气罐、放气阀等组成，如图 20-1 所示。

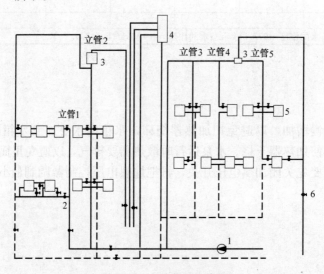

图 20-1　实验装置示意图
1—循环水泵；2—调节阀；3—集气罐；4—膨胀水箱；5—散热器；6—放气阀

　　散热器通过管道连接成各种形式。立管 1 的上层为水平单管顺流式系统，三组散热器中的空气经管道连至集气罐放出。立管 1 的下层为水平单管跨越式系统，与无跨越管系统相比，可安装阀门进行局部调节。这两种形式的优点是节省管材，无需在各层楼板上打洞，施工方便。但各组散热器中的平均水温不同，沿水流方向不断降低，散热器片数也相应改变。立管 2、3 都是垂直式双管系统。其优点是各组散热器内平均水温相同，每组散热器的支管上可装阀门调节水量，检修时也便于拆除散热器。缺点是管道、配件用得多，当楼层较高时上下垂直失调现象严重。立管 4 和立管 5 为垂直单管顺流式和带跨越管式系统。

三、实验方法及步骤

1. 充水、排气。首先，打开注水阀、出水阀，关闭循环阀、进水阀、放水阀，启动管道泵对系统进行充水。充水时应不断地开关集气罐和散热器上的放气阀，让系统中的空气从放风门、集气罐及膨胀水箱中排出。

2. 开启循环泵，进行演示实验。系统充满水后，应关闭放气阀、注水阀，打开循环阀、进水阀，然后再开启循环水泵，使水沿供水干管、立管、支管进入散热器。经散热后，沿回水干管进入水泵加压，从而不断循环。在循环过程中，还需再次排气充水，直至空气全部排净。

在演示时应仔细观察充水过程中，不同连接方式散热器的排气情况及各管段的排气情况。注意散热器支管、供回水干管的坡度对排气的影响。

四、思考题

1. 膨胀水箱有几根接管，各起什么作用？每根连接管上是否都可以装阀门？
2. 本演示装置中室内热水采暖系统有哪几种连接方式，简述其特点。

实验二十一　双管热网水力工况模拟实验

一、实验目的及要求

1. 直观地显示热水网路的水压分布图，观察热网工况改变后水压图的变化情况。
2. 掌握热水网路水压图的绘制方法。
3. 借助于水压图定性地分析网路的水力工况，了解其水力失调的规律性。

二、实验装置

实验装置如图 21-1 所示，主要由两部分组成：下部代表的是双管热水网路，由阀门、四通等管配件连接而成，平放在钢制的支架上；上部是一块测压平板，上面装有 14 根垂直玻璃管，每根玻璃管的旁边都固定了一根标尺，用来测量玻璃管中的水柱高度，所有标尺的起点都处在同一条水平线上。

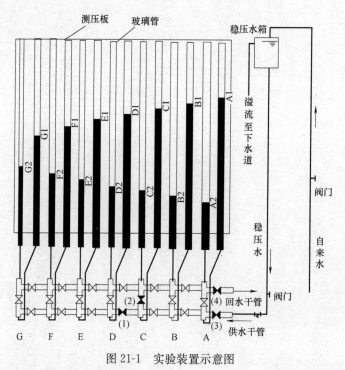

图 21-1　实验装置示意图

在网路的供水干管与回水干管之间设置了 7 个热用户，编号分别是 A、B、C、D、E、F、G。相邻两个用户的间距都一样，每个用户的进出口装有一只锥形铜旋塞阀，通

74

过橡胶管与相应的玻璃管的下端相连接，用来指示干管中各节点的压力。各段管路上都安装了阀门，以便调节它们的阻力。

水由稳压水箱（开口高位水箱）送入管网，沿供水干管经过各个热用户到回水干管再流入下水道。来自管道泵的水通过阀进入稳压水箱，水箱中的水位由溢流管来控制。

三、实验步骤

1. 调出正常水压图

打开水箱上水阀，同时关闭图 21-1 中阀（2）、阀（3）、阀（4），启动管道泵，将热水箱中的水送入稳压水箱，并使水流入热水网路模拟系统，排除系统中的空气保持水箱水位的稳定（溢流管始终有水排出）。打开阀（2）、阀（3）、阀（4），调整各管段上的阀门，使各节点之间有适当的压差。为了得出一个比较清楚的水压图，便于进行对比和理论分析，规定：网路正常工作时其水压图是呈梯形分布的。即供水干管水压线与回水干管水压线成一条斜直线，如图 21-2～21-4 中的实线所示。

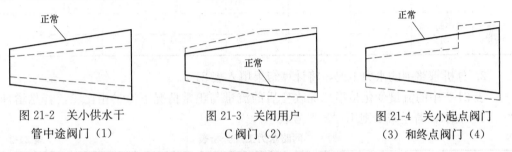

图 21-2　关小供水干　　　　图 21-3　关闭用户　　　　图 21-4　关小起点阀门
　管中途阀门（1）　　　　　　C 阀门（2）　　　　　　　（3）和终点阀门（4）

2. 关小供水干管中途阀门（1）时的水压图

首先将正常水压图中各点的压力记录在表 21-1 内，然后把阀门（1）关小一些。此时网路的水压图将发生变化，如图 21-2 中的虚线所示。待工况稳定后，再记录好各节点的压力值。

阀门（1）关小后，网路的总阻值将增加，总流量将减少。供水干管与回水干管中的水速降低，单位长度的压力将减少，因此水压线均比正常情况下要平坦些。供水干管水压线在阀门（1）处将产生急剧下降。对阀门（1）以前的用户，由于资用压力增大，流量都有所增加，但越接近阀门（1）的用户流量增加得越多。对于阀门（1）以后的用户，其流量都减少，并且减少的比例相同，即所谓等比失调。

3. 关闭用户 C 阀门（2）时的水压图

先记录好正常水压图的各点压力，再将用户 C 中的阀门（2）全部关闭，其水压图如图 21-3 中的虚线所示。待工况稳定后再记录好各点的压力。

4. 关小热网起点阀门（3）和终点阀门（4）时的水压图

同样先把正常水压图时的各点压力记录好，然后将阀门（3）和阀门（4）关小，其水压图如图 21-4 中的虚线所示。待工况稳定后再将所有的压力记录在表 21-1 中。

四、实验数据记录及处理

1. 将实验数据填入表 21-1 中。

各热用户进出口压力读数记录表　　　　　　　　　　　　表 21-1

工况	热用户 水压 (mmH₂O)	A_1	B_1	C_1	D_1	E_1	F_1	G_1
		A_2	B_2	C_2	D_2	E_2	F_2	G_2
1	正常							
	关小阀(1)							
2	正常							
	关闭阀(2)							
3	正常							
	关小阀(3)(4)							

2. 分析管路中的水力工况，将计算结果填入表 21-2。

表 21-2 中的流量变化是指工况改变后的流量与正常情况下流量相比较，若是增加用"＋"号表示，若是减少则用"－"号表示。

网路水力工况分析表　　　　　　　　　　　　表 21-2

工况	水压(mmH₂O)	ΔP_a	ΔP_b	ΔP_c	ΔP_d	ΔP_e	ΔP_f	ΔP_g
1	正常							
	关小阀(1)							
	流量变化							
2	正常							
	关闭阀(2)							
	流量变化							
3	正常							
	关小阀(3)(4)							
	流量变化							

3. 根据实验得到的各用户压力，绘制正常情况和三种工况时的水压图。并分析关闭阀(2)工况以及关小阀(3)、阀(4)工况的水压图。

实验二十二　烟气分析实验

一、实验目的及要求

烟气分析是对烟气中各主要组成成分——三原子气体 RO_2（CO_2 及 SO_2）、氧气 O_2、一氧化碳 CO 和氮气 N_2 的分析测定。根据烟气成分的分析结果，可以鉴别燃料在炉内的燃烧完全程度和炉膛、烟道各部位的漏风情况，进而采取有效的技术措施以提高锅炉运行的经济性。同时，根据分析结果还可以确定空气过量系数，为计算排烟热损失和气体不完全燃烧热损失提供重要的数据。

根据教学的基本要求，本实验采用奥氏烟气分析器测定烟气中的 RO_2、O_2 和 CO 的体积百分数含量。

二、实验试剂及装置

（一）实验试剂的配制

烟气分析所用的选择性吸收气体的化学溶液和封闭液，按下列方法和步骤配制：

1. 氢氧化钾溶液：1 份化学纯固体氢氧化钾 KOH 溶于 2 份水中，配制时将 75g 氢氧化钾溶于 150mL 蒸馏水即成。1mL 该溶液能吸收三原子气体 RO_2 约 40mL；若每次实验用的烟气试样的体积为 100mL，其中 RO_2 含量平均为 13%，那么 200mL 该化学溶液约可使用 600 次，其吸收化学反应式为：

$$2KOH+CO_2=K_2CO_3+H_2O$$
$$2KOH+SO_2=K_2SO_3+H_2O$$

氢氧化钾溶解时放热，所以配制时宜用耐热玻璃器皿，且要不时地用玻璃棒搅拌均匀，待冷却后将上部澄清无色溶液用作为实验吸收液。

2. 焦性没食子酸碱溶液：取 20g 焦性没食子酸 $C_6H_3(OH)_3$ 溶于 40mL 蒸馏水中；55g 氢氧化钾溶于 110mL 水中，将二者混合后立即将容器封闭并存放在避光处。

所配制的这种吸收液 1mL 能吸收 4mL 的氧气；如每次实验的烟气试样体积为100mL，试样中 O_2 含量平均为 6.5%，则 200mL 吸收液可使用 120 次左右。此溶液吸收氧气的化学反应式为：

$$4C_6H_3(OH)_3+O_2=2[(OH)_3C_6H_2-C_6H_2(OH)_3]+2H_2O$$

3. 氯化亚铜氨溶液：它可由 50g 氯化铵 NH_4Cl 溶于 150mL 水中，再加 40g 氯化亚铜 Cu_2Cl_2，经充分搅拌，最后加入密度为 0.91、体积等于 1/8 此溶液体积的氨水配制而成。氯化亚铜氨溶液吸收一氧化碳的化学反应式为：

$$Cu(NH_3)_2Cl+2CO=Cu(CO)_2Cl+2NH_3$$

因一价铜 Cu⁺很容易被空气中的氧所氧化，所以在盛装氯化亚铜氨溶液的瓶中应加入铜屑或螺旋状的铜丝；此外，液面上注以一层液体石蜡，使溶液不与空气接触。

4. 封闭液：5％的硫酸 H_2SO_4 加食盐 NaCl 制成饱和溶液，再加数滴甲基橙指示剂使溶液呈微红色。水准（平衡）瓶和取样瓶中用此酸性封闭液，可防止吸收烟气试样中部分气体成分，以减小测定误差。

（二）实验装置

1. 奥氏烟气分析器

奥氏烟气分析器结构如图 22-1 所示，量筒 10 用以量取待分析的烟气，其上有刻度（0～100ml）可以直接读出烟气容积。量筒外侧套有盛水套筒 12，此水套保证烟气容积不受或少受外界气温影响。水准（平衡）瓶 11 由橡皮软管与量筒相连，内装微红色的封闭液。当水准瓶降低或提高位置，即可进行吸气取样或排气工作。

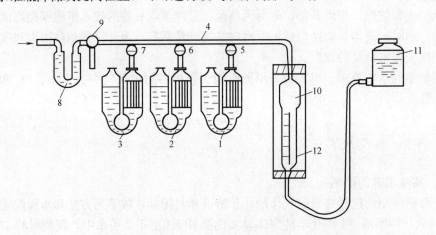

图 22-1　奥氏烟气分析器示意图

1、2、3—烟气吸收瓶；4—梳形连接管；5、6、7—旋塞；

8—U形过滤器；9—三通旋塞；10—量筒；11—水准（平衡）瓶；12—盛水套筒

烟气吸收瓶 1、2、3 中依次装有氢氧化钾、焦性没食子酸碱溶液和氯化亚铜氨吸收液，分别用以吸收烟气中的 RO_2、O_2 和 CO 气体成分。

2. YQ—2 型自动控温烟气采样器

（1）使用环境条件

相对温度：0～50℃；相对湿度：不大于 85％；工作场所：无爆炸环境和无振动场所。

（2）主要部件的作用及其结构

该烟气采样器由取样管、取样装置、测量箱、电源四部分组成，系统原理如图 22-2 所示。

1）取样管：用来插入烟道、排气筒等固定排放源中采集各种有害气体。它由两个不锈钢管制成，在内外套管之间绕有电热丝用来加热取样管，避免在采样时由于烟气中水汽冷凝而产生误差；在管的入口端设计了一个可充填滤料的过滤器，同时安装了一个防水滴罩；管的出口端的连接嘴供橡皮管连接取样瓶用；36V 插座供连接电源箱加温电源插座之用；传感信号插座可供连接电源箱信号输入插座用；木质手柄供测量时撑动取样管用。

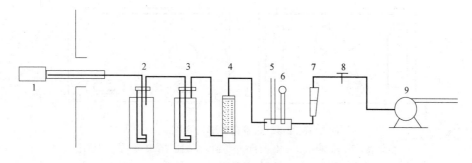

图 22-2　烟气采样器原理示意图

1—加热取样管；2、3—吸收管；4—干燥瓶；5—温度计；6—负压表；7—流量计；8—流量调节阀；9—抽气泵

其结构见图 22-3。

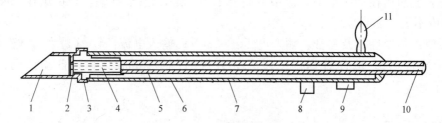

图 22-3　取样管结构示意图

1—防水滴罩；2—多孔板；3—过滤器；4—滤料；5—内套管；6—外套管；
7—加热丝；8—传感信号插座；9—36V 插座；10—管接嘴；11—手柄

2）取样装置：用来采集烟气。它主要由 125ml 玻璃溶液瓶、砂芯管、弯管、橡皮连接管及瓶塞所组成；用测量箱中的薄膜抽气泵抽取烟气。见图 22-4。

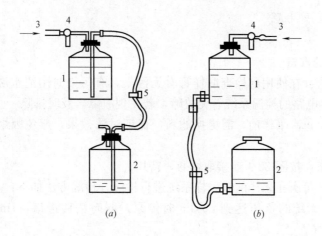

图 22-4　烟气取样装置示意图

（a）瓶中插有玻璃管的取样装置；（b）瓶中没有插玻璃管的取样装置

1—取样瓶；2—成流出溶液的瓶；3—与气体通道相连的管；4—三通旋塞；5—夹子

3）测量箱：用来采集烟气的动力、计量装置。它主要由干燥瓶、温度计、负压表、流量计、流量调节阀和抽气泵所组成，见图 22-5。

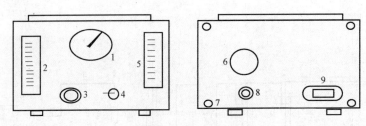

图 22-5　测量箱外形示意图

1—负压表；2—流量计；3—流量计调节旋钮；4—抽气泵开关；5—温度计；
6—干燥瓶观察孔；7—背板固定螺丝；8—进气嘴；9—电源插座

4）技术参数

测量箱的主要性能及参数：温度测量范围：0～50℃；流量测量范围：0.1～2L/min；抽气负压：当负压在 20kPa 时，流量不低于 1.2L/min；系统微漏：当负压在 20kPa 时，1 min 内应不大于 266Pa。

取样管的主要性能及参数：输入电压：<36V；输入电流：5A（最大）；绝缘电阻：5Ω（烘干除潮后）；取样管耐温：400℃；升温时间：15min 以内；自动恒温：120℃ 或 140℃。

三、实验原理

奥氏烟气分析器是利用化学吸收法，按体积测定气体成分的一种仪器。它的分析原理是利用具有选择性吸收气体特性的化学溶液，在同温同压下分别吸收烟气中相关气体成分，从而根据吸收前后体积的变化求出各气体成分的体积百分数。

四、实验方法及步骤

（一）采样前的准备

1. 检查取样管：在使用前检查取样管有无污染，有污染时用清水洗干净，干燥后使用。然后检查加热电路的控温系统有无故障，若发现故障，及时排除。

2. 更换滤料：每次采样前，需更换滤料，保证过滤效果，避免因烟尘污染引起分析误差。

3. 连接取样瓶：按图 22-4 连接取样瓶，待用。

4. 系统检漏：每次在采样前对采样系统进行检漏，检漏方法如下：

（1）启动泵，系统的负压达到 20kPa 时停泵，同时堵住进口，1min 内负压不下降 266Pa，认为不漏气。

（2）接上取样瓶、堵住取样瓶进口、打开抽气泵，当负压达到 20kPa 时，封闭液中无气泡产生，认为不漏气。

（二）烟气分析器的准备

1. 仪器的洗涤

在安装以前，仪器的全部玻璃部分应洗涤干净。新仪器先用热碱液洗，然后用水洗，再用洗液（重铬酸钾-浓硫酸溶液）清洗，用水冲净，最后用蒸馏水冲洗，且玻璃壁上应不粘附水珠。干燥时宜通空气吹干，切不可用加热方法，以防玻璃炸裂损坏。

2. 仪器的安装

（1）按图22-1所示排列安装，用橡皮管小心地将有关各部分依次连接，连接时玻璃管端应尽量对紧，并在每个旋塞上涂以润滑剂，使之转动灵活自如。

（2）在各个吸收瓶中分别注入相应的吸收液：吸收瓶1中注入氢氧化钾溶液，吸收瓶2中灌注焦性没食子酸碱溶液，吸收瓶3中注以氯化亚铜氨溶液，第4个吸收瓶注入10%浓度的硫酸溶液，用以吸收测定CO时释放出来的氨气（NH_3）。最后，在各瓶吸收液上倒入5～8ml液体石蜡，以免试剂与空气接触，影响吸收效果。

（3）水准（平衡）瓶11中注入封闭液；量筒外的盛水套筒12中灌满蒸馏水。

（4）在过滤器8内装上细粒的无水氯化钙，再用脱脂棉花轻轻塞好，但不可塞得太紧。

3. 气密性检查

（1）排除量筒10中的废气：将三通旋塞9打开与大气相通，提高水准瓶，排除气体至量筒内液面上升到顶端标线时为止。

（2）排除吸收瓶1、2、3中的废气：关闭三通旋塞使梳形连接管4与大气隔绝，然后打开吸收瓶1的旋塞5，放低水准瓶使吸收瓶中液面上升，至顶端颈口标线时关闭旋塞。依次用同样的方法使各吸收瓶中的液面均升至顶端颈口标线。

（3）再次排出量筒中的废气：打开三通旋塞，提高水准瓶把量筒中废气排尽。然后关闭三通旋塞，把水准瓶放于底板上。

（4）检查气密性：此时，如量筒内液面稍稍下降后即保持不变，且各吸收瓶的液面也不下降，甚至时隔5～10min后各瓶液面仍然保持原位，那么表示烟气分析器严密可靠，没有漏气。如若液面下降，则必有漏气的地方，应仔细逐一检查，找出渗漏之处。

（三）烟气取样

1. 采样系统连接：先将仪器箱盖打开成竖直位置，然后将采样管、取样装置、测量箱按图22-2连接。仪器应安置在易监视又平稳的地方。

2. 电源线连接：仪器上各电源插座与取样管、测量箱及220V电源的连接分别用不同的电源线按标牌内容依次进行连接。

3. 相位检查：打开一220V电源开关，先检查电源导线的相位是否与仪器相符。检查方法是：先将手指轻轻触摸换相按钮周围的金属部分，如观察到氖管发光则表示相位正确，即可开始工作；如氖管不发光则表示相位不正确，应换相，其方法是用手指按一下换相按钮，氖管亮，则表示仪器已自动换相。

4. 温度选择：将温度选择开关置于所需的温度数值上即可。

5. 预热取样管：接通电源后加温指示灯亮，表示取样管开始加热。当取样管加热到所需的温度值时，保温指示灯亮，加温指示灯灭，取样管开始保温。

6. 取样管安装：取样管保温5min后再采样，要使取样管与烟气气流成直角，取样人员在使用取样管时应戴上手套，以防烫手。

7. 置换系统中的空气：开泵抽气，打开夹子5，使溶液流入瓶2，烟气引入瓶1。瓶1充满烟气后，先提升瓶2，再旋转三通旋塞4使之与大气相通，将瓶1中烟气排尽，关闭三通旋塞。如此重复操作 2～3 次，即可准备正式取样。

8. 正式采样：打开抽气泵，同时记录时间，调整流量至规定值（一般在 0.5～1.0L/min）。在采样开始和结束时，记录流量计前干气体的温度、压力以及大气压。采样完毕，关闭取样泵电源，同时记录时间，并用止水夹切断取样管 1 与盛溶液瓶 2 之间的通路，然后小心地取下取样瓶 1，送实验室待分析。

（四）烟气分析

1. 排除废气：奥氏烟气分析器与烟气取样瓶连接后，放低水准瓶的同时打开三通旋塞 9，吸入烟气试样，继而旋转三通旋塞，升高水准瓶将这部分烟气与管径中空气的混合气体排于大气。如此重复操作数次，以冲洗整个系统，使之不残留非试样气体。

2. 烟气取样：放低水准瓶，将烟气试样吸入量筒，待量筒中液面降到最低标线100ml刻度线以下少许，并保持水准瓶和量筒的液面处在同一水平时，关闭三通旋塞。稍等片刻，待烟气试样冷却再对零位，使之恰好取样 100ml 烟气为止。

3. 烟气分析：先抬高水准瓶，后打开旋塞 5，将烟气试样通入吸收瓶 1 吸收其中的三原子气体 RO_2。往复抽送 4～5 次后，将吸收瓶内吸收液的液面恢复至原位，关闭旋塞 5。对齐量筒和水准瓶的液位在同一水平后，读记烟气试样减少的体积。然后再次进行吸收操作，直到烟气体积不再减少时为止。至此所减少的烟气体积，即为二氧化碳和二氧化硫的体积之和——RO_2（％）。

在 RO_2 被吸收以后，依次打开第 2、第 3 个吸收瓶，用同样方法即可测出烟气试样中氧气和一氧化碳的体积——O_2 和 CO（％），最后剩留的容积数便是氮气的体积百分数 N_2（％）。

由于焦性没食子酸碱溶液既能吸收 O_2，也能吸收 CO_2 和 SO_2；氯化亚铜氨溶液吸收 CO 的同时，也能吸收 O_2。所以，烟气分析的顺序必须是 RO_2、O_2 和 CO，不可颠倒。

（五）烟气分析结果的计算

因为含有水蒸气的烟气在奥氏烟气分析器中一直与水接触，始终处于饱和状态，因此测得的体积百分数就是干烟气各成分的体积百分数，即：

$$RO_2 + O_2 + CO + N_2 = 100\%$$

如烟气试样的体积为 V，吸收 RO_2 后的读数为 V_1，则烟气试样再顺序通过吸收瓶 2 和 3，吸收 O_2 和 CO 后的体积分别为 V_2、V_3。

五、实验注意事项

1. 测试前，必须认真做好烟气分析器的气密性检查，确保分析器和取样装置的严密可靠。

2. 各种化学吸收溶液，最好在使用前临时配制，以保证药液的灵敏度。

3. 烟气试样的采集要有代表性，因此不能在炉门或拨火门开启时抽吸取样，以免发生错误的分析结果。实践表明，如采用取样瓶或抽气泵连续取样，其烟气试样的代表性最好。

4. 烟气取样管不得装于烟道死角、转弯及变径等部位，而且取样管壁上的小孔应迎着烟气流。

5. 在烟气分析过程中，水准瓶的提升和下降操作要缓慢进行，严防吸收液或水准瓶中液体冲入连通管。水准瓶提升时，要密切注意量筒中水位的上升，以达到上标线（零线位置）为度；下降水准瓶时，则要注视吸收瓶中液位的上升，上升高度以瓶内玻璃管束的顶端为上限，切不可粗心大意。如若让水或药液冲进连接管中，则必须进行彻底清洗，包括水准瓶以及更换封闭液。

6. 在排除量筒中的废气时，应先抬高水准瓶，再旋转三通旋塞通往大气；排尽后，则必须先关闭三通旋塞，才可放低水准瓶，以避免吸入空气。

7. 实验室或烟气分析现场的环境温度要求保持相对稳定（温度在 $10 \sim 25$℃范围内，温度每改变 1℃，气体体积平均改变 0.37%）；读值时，务必使水准瓶液面和量筒液面保持在同一水平，保证内外压力相同，以减少对分析结果的影响。

六、实验数据记录及处理

实验数据记入表 22-1 中。

实验数据记录及处理表　　　　　　　　　　　　　　　　　　表 22-1

实验次数	V(ml)	V_1(ml)	V_2(ml)	V_3(ml)	RO_2(ml)	O_2(ml)	CO(ml)
1							
2							
3							

七、思考题

1. 烟气分析时，要求烟气试样顺序进入 RO_3、O_2 及 CO 的吸收瓶进行吸收，其中是否可能作适当的调动？为什么？

2. 烟气试样中或多或少都含有水蒸气，为什么可以把烟气分析结果认为是干烟气成分的容积百分数呢？

3. 如果锅炉炉膛出口的烟气分析得 $RO_2 < 10\%$，$O_2 > 10\%$，这说明什么？对一运行的锅炉来说，可能存在着哪些问题？怎样改进？

实验二十三　煤的发热量测定实验

一、实验目的及要求

发热量是煤的重要特性之一。在锅炉设计和锅炉改造工作中，发热量是组织锅炉热平衡、计算燃料物料等各种参数和设备选择的重要依据。在锅炉运行管理中，发热量也是指导合理配煤，掌握燃烧，计算煤耗量的重要指标。通过本实验，使学生掌握分析试样发热量的测定原理及测定方法。

二、实验装置

实验中所用到的仪器装置有：HRY-1 型氧弹式热量计 1 套；分析天平 1 台；充氧计 1 套；压饼机 1 套；点火用金属丝 1 卷；氧气罐 1 个，工业天平 1 台。

（一）HRY-1 型氧弹式热量计

1. 结构（见图 23-1）

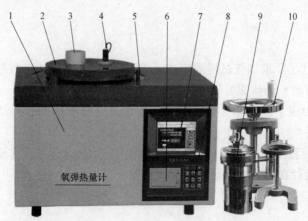

图 23-1　实验装置示意图

1—量热主机；2—水桶盖；3—搅拌电机；4—温度传感器；5—搅拌杆；
6—打印机；7—显示屏；8—操作键盘；9—氧弹弹筒；10—压饼机

2. 热量计的技术指标

热容量：15000J/K；热容量误差（五次重复性）：40J/K；热容量重复性误差：0.2%；氧弹耐压：20Mpa；氧弹密封性充氧：3.5Mpa；工作环境温度：10～35℃。

3. 压力表和氧气导管

压力表由两个表头组成：一个指示氧气瓶中的压力，一个指示充氧时氧弹内的压力。

表头装有减压阀和保险阀。

4. 点火装置

点火采用12~24V的电源，可由220V交流电源经变压器供给。点火电压应预先实验确定，方法是：接好点火丝，在空气中通电实验。在熔断式点火的情况下，调节电压使点火丝烧断为适合。

5. 压饼机：杠杆式压饼机，能压制直径约10mm的煤饼。

（二）键盘的操作

仪器设有"复位"，"返回"，"控制"，"校正"，"确定"，"←"，"↑"，"↓"和"→"共九个键；如图23-2所示，下面逐一介绍它们的功能。

1. "复位"键：用于控制软件受偶然因素的影响而"锁死"时，使其能重新正常工作，该键被使用的机会较少。

2. "返回"键：用于子菜单进入后，或某些状态进入后的退出。

3. "控制"键：用于与某些键组合，做复合功能键用；目前只用到了："控制"＋"↑"＝"手动点火"；和"控制"＋"→"＝"手动搅拌"两项功能，仅当调试仪器或测量前预先检验仪器功能时用，正式

图 23-2　键盘操作

测量时仪器能自动进行，不必手动控制。注意：若已进行过这两项手动控制，则需关闭电源后重新开始测量。

4. "确定"键：用于确认某项菜单选择或操作。

5. "←"，"↑"，"↓"和"→"键：用于移动"反白"光标，■▶光标和"＿"参数值输入光标；及与"控制"键组合成"手动点火"键和"手动搅拌"键。

6. "校正"键：厂家预留键，客户暂不用。

三、实验原理

让已知质量的煤样在氧气充足的特定条件下完全燃烧，燃烧放出的热量被一定量的水和热量筒体吸收。待系统热平衡后，测出温度的升高值，并计及水和热量筒体的热容量以及周围环境温度等的影响，即可计算出该煤的发热量。

1. 煤的发热量计算

$$Q_{dt}^{f} = [K(t+\Delta t) - \sum (gb)]/G \tag{23-1}$$

式中　Q_{dt}^{f}——用弹筒法测定的分析煤样的发热量，J/K；

K——热量计的热容量，15000J/K；

t——HR-15B多功能控制箱显示的温度，℃；

Δt——热量计热交换校正值，℃；

G——分析煤样的重量，g；

g——点火丝的燃烧热，1400J/g；

b——实际消耗的点火丝重量，g。

2. 热量计热交换校正值 Δt

$$\Delta t=(V+V_1)m/2+rV_1 \qquad (23\text{-}2)$$

式中 V——初期温度速度；

$\qquad V_1$——为末期温度速度；

$\qquad m$——在主期中每分钟温度上升不小于 0.3℃ 的间隔数，第一个间隔不管温度升多少都计入 m 中；

$\qquad r$——在主期中每分钟温度上升小于 0.3℃ 的间隔数。取值从图 23-3 中选取。

【**例 23-1**】 室内温度为 22.3℃；外筒温度为 22.5℃；内筒温度为 21.8℃。

$$V=(0.848-0.853)/10=-0.0005$$

$$V_1=(2.861-2.851)/10=0.001$$

$$\Delta t=(-0.0005+0.001)\times3/2+0.001\times12=0.01275$$

3. 高位发热量的计算

$$Q_{gw}^{f}=Q_{dt}^{f}-(94.2\times S+aQ_{dt}^{f}) \qquad (23\text{-}3)$$

式中 Q_{gw}^{f}——分析基高位发热量，J/g；

$\qquad Q_{dt}^{f}$——分析基弹筒发热量，J/g；

$\qquad S$——氧弹燃烧法测定的硫含量，%；

$\qquad 94.2$——每 0.01g 硫（相当 1g 煤中含 1% 的硫）由二氧化硫生成硫酸的生成热与硫酸的溶解热之和，J；

$\qquad a$——硝酸的生成热和溶解热的补正系数，对无烟煤和贫煤为 0.001，对其他煤种为 0.0015。

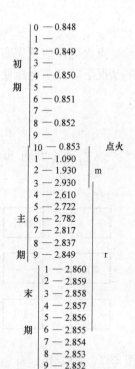

初期
0 — 0.848
1 —
2 — 0.849
3 —
4 — 0.850
5 —
6 — 0.851
7 —
8 — 0.852
9 —
10 — 0.853

点火
1 — 1.090
2 — 1.930   m
3 — 2.930
4 — 2.610
5 — 2.722
主期 6 — 2.782
7 — 2.817
8 — 2.837
9 — 2.849   r

末期
1 — 2.860
2 — 2.859
3 — 2.858
4 — 2.857
5 — 2.856
6 — 2.855
7 — 2.854
8 — 2.853
9 — 2.852
10 — 2.851

图 23-3　V、V_1，m 的取值

4. 将分析基结果换算成应用基

$$Q_{gw}^{y}=Q_{gw}^{f}(100-W^{y})/(100-W^{f}) \qquad (23\text{-}4)$$

式中 Q_{gw}^{y}——应用基高位发热量，J/g；

$\qquad W^{y}$——应用基全水分，%；

$\qquad W^{f}$——分析基水分含量，%。

5. 应用基低位发热量的计算和换算

$$Q_{dw}^{y}=QV_{gw}^{y}-26\times(9H^{y}+W^{y}) \qquad (23\text{-}5)$$

式中 Q_{dw}^{y}——应用基低位发热量，J/g；

$\qquad H^{y}$——应用基的包含量，%。

四、实验方法及步骤

1. 在燃烧皿中称取分析煤样（用压饼机压成片，粒径小于 0.2mm）1～1.2g（精确至 0.0002g）。

2. 在氧弹中加入 10ml 蒸馏水，以溶解氮和硫所形成的硝酸和硫酸。

3. 把盛有煤样的燃烧皿固定在皿环上，再将一根点火线的两端固定在两个电极上，其中段放在煤样上。点火线勿接触燃烧皿（可预先检查），拧紧氧弹上的盖。

4. 接上氧气导管，缓慢地充入氧气，直到弹内压力为 27~28 个大气压为止。氧弹不应漏气，如有漏气现象，应找出原因，及时修理。

5. 将内筒放到热量计外筒内的绝缘架上，然后把充有氧气的氧弹放入量热容器（内筒）中，加入蒸馏水约 3000g（称准到 1g），加入的水应淹没至氧弹进气阀螺帽高度的 2/3 处。每次用量必须相同。注入蒸馏水的温度应根据室温和外筒水温来调整，在测定开始时外筒水温与室温相差不得超过 0.5℃。当使用热容量较大（如 3000g 左右）的热量计时，内筒水温，比外筒水温应低 0.7℃，当使用热容量较小（如 2000g 左右）的热量计时，内筒水温应比外筒水温低 1℃左右。

6. 将测温探头插入内筒，测温探头和搅拌器均不得接触氧弹和内筒。

7. 整个实验分为三个阶段：

（1）初期：这是试样燃烧以前的阶段。在这一阶段观测和记录周围环境与量热体系在实验开始温度下的热交换关系。每隔半分钟读取温度一次，共读取 11 次，得出 10 个温度差（即 10 个间隔数）。

（2）主期：燃烧定量的试样，产生的热量传给热量计，使热量计装置的各部分温度达到均匀。

在初期的最末一次读取温度的瞬间，按下点火键点火（点火时的电压应根据点火丝的粗细实验确定。在点火丝与两极连接好后，不放入氧弹内，通电实验以点火丝烧断为适合），然后开始读取主期的温度，每半分钟读取温度一次，直到温度不再上升而开始下降的第一次温度为止，这个阶段算作为主期。

（3）末期：这一阶段的目的与初期相同，是观察在实验终了温度下的热交换关系。在主期读取最后一次温度后，每半分钟读取温度一次，共读取 10 次。

8. 停止观测温度后，从热量计中取出氧弹，用放气帽缓缓压下放气阀，在 1min 左右放尽气体，拧开并取下氧弹盖，量出未燃完的点火丝长度，计算其实际消耗的重量。随后仔细检查氧弹，如弹中有烟黑或未燃尽的试样微粒，此实验应作废。

9. 用干布将氧弹内外表面和弹盖拭净，最好用热风将弹盖及附件吹干或风干。

五、充氧与放气

1. 充氧：将单头氧弹立放于立式充氧器底板上，将铜管的自由端接在 YOY-370 减压阀上，将氧弹进气嘴对准充氧器的出气嘴，手持操纵手柄，轻轻往下压，30s 即可充满氧弹，压力达到实验要求。

2. 放气：如图 23-4 所示，只需将放气帽套入氧弹进气嘴，轻轻下压放气帽，即可放气。能在放气帽的出气嘴上套一段医用胶管更好。

六、实验注意事项

1. 氧弹、量热容器、搅拌器等，在使用完毕后，应用干布擦去水迹，保持表面清洁干燥，恒温外筒内的水，应采用软水。长期不用时，应将水倒掉。

2. 氧气减压器在使用前，必须用乙醚或其他有机溶剂将零件上的油垢清洗干净，以

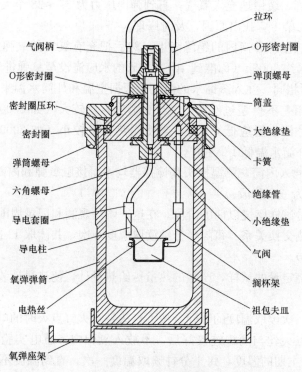

气阀柄　　　　　　　　　　　　　　　拉环
　　　　　　　　　　　　　　　　　　O形密封圈
O形密封圈　　　　　　　　　　　　　弹顶螺母
　　　　　　　　　　　　　　　　　　筒盖
密封圈压环　　　　　　　　　　　　　大绝缘垫
密封圈　　　　　　　　　　　　　　　卡簧
弹筒螺母　　　　　　　　　　　　　　绝缘管
六角螺母　　　　　　　　　　　　　　小绝缘垫
导电套圈　　　　　　　　　　　　　　气阀
导电柱　　　　　　　　　　　　　　　搁杯架
氧弹弹筒　　　　　　　　　　　　　　祖包夫皿
电热丝
氧弹座架

图 23-4　氧弹装配图

免在充氧时发生意外爆炸。

　　3. 仪器应装放在不受阳光直射的单独一间实验室内进行工作。室内温度和湿度应尽可能变化小，最适宜的温度是 20±5℃。每次测定时，室温变化不得大于 1℃。因此，室内禁止使用各种热源，如各种电炉、火炉、暖气等。

　　4. 氧弹以及氧气通过的各个部件，各连接部分不允许有油污，更不允许使用润滑油，在必须润滑时，可用少量的甘油。

　　5. 燃烧皿在每次使用后，必须清洗和除去碳化物，并用纱布清除粘着的粒点，并放入电炉中，在 600℃温度下灼烧 3~4min，以便除去可燃物质及水分，放入干燥皿中备用。

　　6. 氧弹是仪器中最易损坏的部分，通常是发生漏气现象。当进气阀漏气时，应仔细检查漏气部分，若是气门和进气阀体松动，但垫圈尚好而发生漏气时，可以拧紧阀体。若垫圈已坏，则要换上新垫圈。若逆止阀漏气，则多由于垫圈损坏，只要重新换上即可。

七、实验数据记录及处理

八、思考题

　　1. 氧弹发热量与高低位发热量有何区别？燃料在锅炉炉膛中所释放出来的热量是哪一种发热量？为什么？
　　2. 常用的热量计有哪几种类型？它们的差别是什么？

实验二十四　制冷压缩机性能实验

一、实验目的及要求

1. 了解制冷系统的组成。
2. 测定制冷机标准工况（或空调工况）下的制冷量、功率和制冷系数。
3. 分析影响制冷机性能的因素。

二、实验装置

制冷压缩机制冷量的测试方法有几种，其中采用具有第二制冷剂的电量热器法是最精确的方法之一。具有第二制冷剂的电量热器法实验台的原理图如图 24-1 所示，主要由三部分组成：电量热器、制冷系统和水冷却系统。

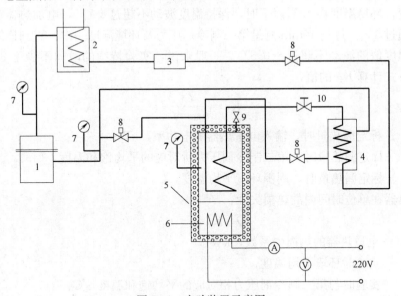

图 24-1　实验装置示意图

1—压缩机；2—冷凝器；3—干燥过滤器；4—回热器；5—量热器；
6—加热器；7—压力表；8—电磁阀；9—角阀；10—手动膨胀阀

三、实验原理

电量热器法是间接测量压缩机制冷量的一种装置。基本原理是利用电加热器发出的热量来抵消压缩机的制冷量，从而达到平衡。电量热器是一个密闭容器，如图 24-2 所示。电量热器的顶部装有蒸发器盘管，底部装有电加热器，浸没于一种容易挥发的第二制冷剂（常用 R11 和 R12，本装置采用 R12）中。实验时，接通电加热器，加热第二制冷剂，使其蒸发。第二制冷剂饱和蒸气在顶部蒸发盘管中被冷凝，又重新回到底部。而蒸发盘管中的低压液态制冷剂被第二制冷剂蒸气加热而汽化，返回制冷压缩机。实验仪在实验工况下达到稳定运行时，供给电加热器的电功率正好抵消制冷量，从而使第二制冷剂的压力保持不变。

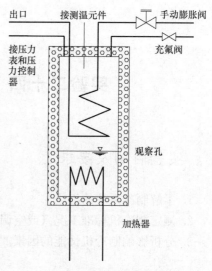

图 24-2　电量热器原理图

为了控制第二制冷剂的液面，在量热器的中间部位装有观察玻璃。量热器上装有压力控制器，它与加热器的控制电路相连接，防止压缩机停机后加热器继续加热使量热器内压力升高到危险程度。

考虑到周围环境温度对电量热器热损失的影响，实验之前应仔细标定电量热器的漏热量。标定时，先关闭量热器进口阀门，调节第二制冷剂的电加热量，使第二制冷剂压力所对应的饱和温度比环境温度高 15℃以上（当温差低于 15℃时，热损失可忽略不计），并保持压力不变，环境温度在 40℃以下时，保持温度波动不超过±1℃，电加热器输入功率的波动不应超过 1%。每隔 10min 测量第二制冷剂压力及环境温度一次，直到连续 4 次相对应的饱和温度值的波动不超过±0.5℃。一般来说，实验持续的时间不少于 8～12h。然后，按照下式计算 K_F 的值，

$$K_F = \frac{Q_e}{t'_{ab} - t'_h} \tag{24-1}$$

式中　Q_e——标定漏热量时，输入电量热器的电功率，kW；

　　　t'_{ab}——标定漏热量时，第二制冷剂压力所对应的平均饱和温度，℃；

　　　t'_h——标定漏热量时，周围环境平均温度，℃。

电量热器在单位时间内的热损失为：

$$Q = K_F(t_h - t_b) \tag{24-2}$$

式中　K_F——电量热器的热损失系数，kW；

　　　t_h——实验时环境平均温度，℃；

　　　t_b——实验时与第二制冷剂压力相对应的平均饱和温度，℃。

四、实验方法及步骤

1. 实验前的准备工作

预习实验指导书。详细了解实验装置及各部分的作用，检查仪表的安装位置，熟悉各测试参数的作用；了解和掌握制冷系统的操作规程；熟悉制冷工况的调节方法。通过量热器上的观察镜检查量热器内的第二制冷剂的液位，如果液位过低或观察不到，通过量热器的压力

表值判断是否有制冷剂，如果没有制冷剂，千万不要打开加热器，以免烧毁加热器。

2．启动制冷压缩机

打开冷却水。检查制冷系统各阀门是否正常。打开有回热和无回热电磁阀中的一个。启动制冷压缩机，并检查手动调节阀是否开启。检查制冷系统各部件运转情况，观察排气压力、吸气压力和量热器内压力的变化。

3．运行量热器

面板上绿色加热器按钮按下时，可调加热器接通调压器可调节加热量，固定加热器开关合上即接通固定加热器。按下红色按钮，两个加热器均断开。

实验前应首先检查调压器是否在零位，若不在零位应调在零位。接通加热器电源，调节手动调节阀，由关闭逐渐开启，不要过快，应观察量热器压力表的数值。

4．调节稳定工况

先调节手动调节阀，使吸气压力、排气压力达到一定数值后，通过调压器调节电加热器的加热量，观察量热器压力表的数值变化。压力增加说明加热量大，需减小加热量，减小调压器的数值；压力降低，说明加热量小，需增大加热量，加大调压器的数值。通过调节调压器，使压力表数值稳定不变。若可调加热器的加热量不够，再投入固定加热器。方法是：先将可调加热器调到零，然后打开固定加热器，再慢慢加大可调加热器。量热器上的压力控制器在压力达到 140MPa 时自动断开加热器电源。

5．测定并记录数据

（1）测定吸气压力、排气压力、量热器内压力、吸气温度、排气温度、供液温度、再冷温度、出蒸发器温度、出回热器气体温度、室内环境温度。

（2）测量量热器的电功率。

（3）测量压缩机输入功率。

（4）待 3 次记录数据均在稳定工况要求范围内，该工况测试结束。改变工况，重复上述实验。

五、实验注意事项

1．工作时，电磁阀必须开一个以保证压缩机正常工作。如果同时开两个，则处于无回热状态。

2．在开启加热器电源前，应将可调电热器归零。

3．制冷量超过压缩机范围时，利用固定加热器调节加热量。

六、实验数据记录及处理

1．测定相关实验数据，填入表 24-1 中。

2．计算制冷压缩机的制冷量

制冷压缩机的制冷量按照下式计算，

$$\Phi_0 = (N + \Delta\Phi_0)\frac{h_1'' - h_3''}{h_4 - h_3} \cdot \frac{v_1}{v_1''} \tag{24-3}$$

式中　Φ_0——制冷压缩机的制冷量，kW；

　　　N——电量热器的功率，kW；

　　　$\Delta\Phi_0$——电量热器的热损失，kW；

　　　h_1''——在压缩机规定吸气温度和压力下，制冷剂蒸汽的焓值，kJ/kg；

　　　h_3''——在规定再冷温度下，节流阀前液体制冷剂的焓值，kJ/kg；

　　　h_4——在实验条件下，离开蒸发器制冷剂蒸汽的焓值，kJ/kg；

　　　h_3——在实验条件下，节流阀前液态制冷剂的焓值，kJ/kg；

　　　v_1——压缩机实际吸气温度和压力下制冷剂蒸汽的比容，m^3/kg；

　　　v_1''——压缩机在规定吸气温度和压力下制冷剂蒸汽的比容，m^3/kg。

将计算制冷压缩机制冷量所需数据及结果填入表 24-2 中。

实验数据记录表　　　　　　　　　　　　　　表 24-1

实验工况	1	2	3	4	5	6
吸气压力						
吸气温度						
排气压力						
排气温度						
量热器内压力						
供液温度						
再冷温度						
出蒸发器温度						
出回热器气体温度						
室内环境温度						
量热器输入电流						
量热器输入电压						
量热器电功率						
压缩机输入电流						
压缩机输入电压						
压缩机输入电功率						

制冷压缩机制冷量计算表　　　　　　　　　　表 24-2

实验工况	1	2	3	4	5	6	平均值
N							
$\Delta\Phi_0$							
h_1''							
h_3''							
h_4							
h_3							
v_1							
v_1''							
Φ_0							

3. 冷凝器热负荷计算

冷凝器热负荷按照下式计算,

$$Q_L = Gc(t_8 - t_7)/3.6 \qquad (24\text{-}4)$$

式中 Q_L——冷凝器热负荷,kW;

　　　G——冷却水流量,kg/h;

　　　c——水的比热,kJ/(kg·℃);

　　　t_7——冷凝器冷却水进口温度,℃;

　　　t_8——冷凝器冷却水出口温度,℃。

将计算冷凝器热负荷所需数据及结果填入表 24-3 中。

冷凝器热负荷计算表　　　　　　　　　　　表 24-3

实验工况	1	2	3	4	5	6	平均值
G							
t_7							
t_8							
Q_L							

4. 能效比 EER 计算

能效比 EER 按照下式计算: $\quad EER = \dfrac{\Phi_0}{N_p} \qquad (24\text{-}5)$

式中 EER——能效比,kW/kW;

　　　Φ_0——制冷压缩机的制冷量,kW;

　　　N_p——压缩机的输入电功率,kW。

这一指标考虑到驱动电机效率对能耗的影响,以单位电动机输入功率的制冷量大小进行评价,该指标多用于全封闭制冷压缩机。将计算值填入表 24-4 中。

制冷压缩机能效比计算表　　　　　　　　　　表 24-4

实验工况	1	2	3	4	5	6	平均值
Φ_0							
N_p							
EER							

为了便于比较不同活塞式制冷压缩机的工作性能,我国规定了 4 个温度工况,见表 24-5。其中标准工况和空调工况可用来比较压缩机的制冷能力,最大功率工况和最大压差工况则为设计和考核压缩机的机械强度、耐磨寿命、阀片的合理性和配用电机的最大功率等指标。

活塞式制冷压缩机温度工况 (℃)　　　　　　　表 24-5

工况	蒸发温度	吸气温度	冷凝温度	再冷温度
标准工况	−15	+15	+30	+25
空调工况	+5	+15	+40	+35
最大功率工况	+10	+15	+50	+50
最大压差工况	−30	0	+50	+50

实验二十五　热泵循环演示实验

一、实验目的及要求

1. 了解系统的组成及各部件的作用。
2. 观察各部件的工作过程。
3. 熟悉热泵系统中换向阀的原理。

二、实验装置

热泵是一种利用高位能使热量从低位能源流向高位能源的装置，它与制冷机的工作原理相同，都是按照热机的逆循环工作的，所不同的是工作温度范围不同。制冷机从需要冷却的低温物体中吸收热量传递到环境中去，实现制冷的目的；而热泵从环境中吸收热量，传递给需要加热的高温物体，实现供热的目的。

演示实验的制冷、制热过程是采用液体气化制冷中蒸汽压缩式过程。工作原理是使制冷剂在压缩机、冷凝器、膨胀阀和蒸发器等热力设备中进行压缩、放热、节流和吸热四个主要热力过程以完成制冷循环。

冷凝器和蒸发器在设备中称为换热器 A 和 B。换热器中有盘管，盘管内通自来水以及加热器向换热器提供的冷却水或热水。实验过程中换热器内制冷剂不断增加，当达到一定液位时，可通过制冷和热泵四通换向阀的位置转换来达到使制冷剂回流的目的。

三、实验方法及步骤

1. 启动压缩机前首先打开冷却水，否则不可开机。回液阀放在自动位置上。
2. 运行时蒸发压力为负压，冷凝压力在 0MPa 左右均属正常。注意冷凝器内的压力最大不能超过 0.2MPa。冷凝器的压力可通过调节水的流量来控制，如果调节水量不能起到作用，可认为系统已渗入空气。
3. 水温过低时，蒸发器内制冷剂的蒸发效果不明显，可将加热器打开，以增加蒸发器的进水温度。
4. 待系统温度稳定后，进行数据测量和记录。测得环境温度、蒸发温度、冷凝温度、冷却水进出口温度、冷冻水进出口温度。每 10min 取一组数据，连续测 4 次。

四、实验数据记录及处理

为了便于观察制冷剂的工作状态变化，演示仪中的冷凝器、蒸发器外壳是透明的，未加保温，这样其表面与周围环境就有传热存在。此外，压缩机表面也有散热损失，这样由制冷设备与周围环境的传热量在计算中应予以考虑。

经过标定，冷凝器、蒸发器与周围环境的传热量按照下列公式计算：

$$q_c = 0.8(t_a - t_c) \times 10^{-3} \tag{25-1}$$

$$q_e = 0.8(t_a - t_e) \times 10^{-3} \tag{25-2}$$

式中　q_c——冷凝器与周围环境的传热量，kW；

　　　q_e——蒸发器与周围环境的传热量，kW；

　　　t_a——实验环境的空气温度，℃；

　　　t_c——冷凝温度，℃；

　　　t_e——蒸发温度，℃。

蒸发器盘管吸热量（不包括蒸发器与环境换热量的蒸发器制冷量）为：

$$Q_e = m_e c_p (t_1 - t_2) \tag{25-3}$$

冷凝器盘管放热量（不包括冷凝器与环境换热量的冷凝器放热量）为：

$$Q_c = m_c c_p (t_4 - t_3) \tag{25-4}$$

式中　m_e——冷冻水流量 kg/s；

　　　m_c——冷却水流量 kg/s；

　　　t_1，t_2——冷冻水进出口温度，℃；

　　　t_3，t_4——冷却水进出口温度，℃；

　　　c_p——水的定压比热，kJ/(kg·℃)。

蒸发器的制冷量（在蒸发器一侧制冷剂的吸热量）为：

$$Q_0 = Q_e + q_e \tag{25-5}$$

冷凝器的放热量（在冷凝器一侧制冷剂的放热量）为：

$$Q_k = Q_c + q_c \tag{25-6}$$

制冷系数为：

$$\varepsilon_c = Q_0 / W \tag{25-7}$$

制热系数为：

$$\varepsilon_h = Q_k / W \tag{25-8}$$

将上述数据及计算结果填入表 25-1 中。

实验数据记录表 表 25-1

序号	时间	t_a	t_e	t_c	q_c	q_e	t_1	t_2	t_3	t_4	Q_e	Q_c	Q_0	Q_k	$W=UI$	ε_c	ε_k

实验二十六　中央空调系统模拟实验

一、实验目的

1. 了解和掌握中央空调系统的基本组成与功能。
2. 掌握测定空气处理设备供冷量或供热量的方法。
3. 熟悉测试空调房间室内气流分布的方法。

二、实验装置

中央空调系统组成示意图见图 26-1，主要包括以下几部分：

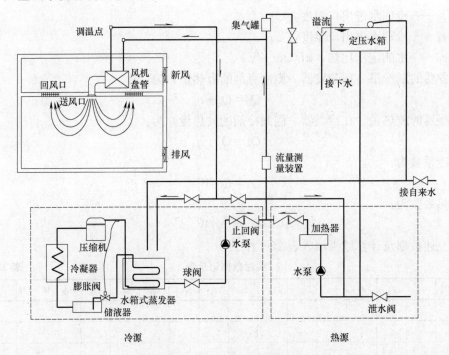

图 26-1　中央空调系统示意图

1. 空气处理设备：对空气进行加热、冷却、除湿等处理的设备。本系统采用风机盘管空调机组作为空气处理设备。
2. 空气输送设备：主要包括送风机、排风机、风道系统、调节风阀等设备。
3. 空气分配装置：指空调房间内的送风口和回风口。
4. 空调水系统：向空气处理设备输送冷冻水、热水的系统。由循环水泵、定压补水装置、冷热水管道及附件等组成。

5. 空调冷热源：为空调系统提供冷冻水或热水的设备。

6. 空调控制与检测系统：用于了解系统实际运行参数和设备运行状态，使空调系统安全经济地运行，实现节能。

三、实验原理

1. 风机盘管提供的冷量或热量

对于全年使用的风机盘管空调系统，夏季提供冷量，冬季提供热量。

供冷工况下风机盘管的供冷量可按下式计算：

$$Q_c = m_w c_{pw} (t_2 - t_1) \tag{26-1}$$

式中　Q_c——风机盘管的供冷量，kW；

　　　m_w——风机盘管的水流量，kg/s；

　　　c_{pw}——水的定压比热，kJ/（kg℃）；

　　　t_1、t_2——风机盘管进出口水温，℃。

根据热平衡关系，供冷量也可按下式计算：

$$Q_c = m_a (h_i - h_o) \tag{26-2}$$

式中　m_a——风机盘管的风量，kg/s；

　　　h_i、h_o——风机盘管进、出口空气的焓值，kJ/kg。

供热工况下风机盘管的供热量可按下式计算：

$$Q_h = m_w c_{pw} (t_1 - t_2) \tag{26-3}$$

根据热平衡关系，供热量也可按下式计算，

$$Q_h = m_a c_{pa} (t_o - t_i) \tag{26-4}$$

式中　Q_h——风机盘管的供热量，kW；

　　　c_{pa}——空气的定压比热，kJ/(kg·℃)；

　　　t_i、t_o——风机盘管进、出口空气的干球温度，℃。

2. 空调房间的室内气流分布测试

室内气流分布又称室内气流组织，主要指气流速度、空气温湿度和污染物浓度在室内的分布情况。气流速度和温湿度都是人体热舒适的要素，而污染物的浓度是评价空气品质的一个重要指标。要对上述参数进行测试，首先将待测室内断面进行划分。将房间按照500mm进行等分，长度方向分为8等份，宽度方向分为4等份，高度方向分为4等份，共计128个测点。其中长度和宽度的32个等分点标示在室内地面上，高度的4个等分点标在支架上。使用时，只需将支架的中心放在地面的任一点，通过移动支架上的活动夹，即可测出该位置上的4个点的风速和温度。室内地面布点及编号如图26-2所示。

四、实验步骤

1. 打开各管道阀门，并使配电箱开关处于全部断开状态。

1.	2.	3.	4.	5.	6.	7.	8.
9.	10.	11.	12.	13.	14.	15.	16.
17.	18.	19.	20.	21.	22.	23.	24.
25.	26.	27.	28.	29.	30.	31.	32.

图 26-2　空调室内地面布点及编号示意图

2. 拨动冷、热泵旋翅看是否运转灵活。

3. 打开配电箱中的总电源开关,此时应只有制冷红灯亮。

4. 分别设定冷、热源温度。

5. 根据需要打开相应开关(照明、新风、排风、备用)。

6. 打开电脑、测量接口箱、室内温控器、风速仪开关。

7. 根据需要打开制冷或制热运行开关。

8. 冷热源制备完成后,可进行室内调温演示或开启冷、热水泵运行,计算风机盘管所提供的冷量或热量及气流分布情况。

9. 测试后,按测量系统仪器、运行部分仪器、灯、风扇、总电源先后顺序关闭各个开关。

五、实验数据记录及处理

1. 风机盘管供冷量和供热量数据记录及计算(见表 26-1)。

风机盘管供冷量/供热量数据记录表 表 26-1

实验次数	水流量 m_w(kg/s)	盘管进口水温 t_1(℃)	盘管出口水温 t_2(℃)	送风量 m_a(kg/s)	盘管出口空气温度 t_i(℃)	盘管进口空气温度 t_o(℃)	供冷量 Q_c(kW)	供热量 Q_h(kW)
1								
2								
3								
4								
5								
6								

2. 室内气流分布数据记录(见表 26-2)。

室内测点气流速度及温度数据记录表 表 26-2

测点	1	2	3	4	5	6	7	8	……
流速(m/s)									
温度(℃)									

实验二十七　喷淋室性能的测定实验

一、实验目的及要求

1. 通过实验加深对喷淋室换热理论的理解。
2. 掌握喷淋室热工性能和阻力特性的测试方法和数据整理。
3. 了解实验装置的特点和实验参数的调整。

二、实验内容

1. 在掌握喷淋室换热理论的基础上，熟悉影响换热性能各参数间的关系，并能确定喷淋室热工性能及阻力特性的测量。
2. 了解本实验装置的特征，掌握各参数的调整及测量方法。
3. 测定喷淋室的换热量、空气侧阻力。
4. 可以用最小二乘法将实验数据整理成相应的经验公式。

三、实验装置

实验装置如图 27-1 所示。

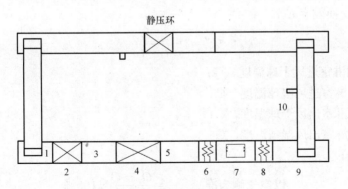

图 27-1　实验装置示意图

1—新回风段；2—加热段；3—中间段；4—表冷段；5—中间段；
6—前挡水板；7—喷淋室；8—后挡水板；9—风机段；10—风量测量

实验中所用到的测试仪表有：标准毕托管、YYT200—B 斜管压力计、二等标准温度计、浮子流量计（喷淋泵、回水泵出口）以及大气压计。

四、实验原理

(一) 热工性能实验

利用"焓差法"原理，根据实验工况（喷淋室外的进风参数、进风量、进水温度水流量），测量出换热器的出风和出水等参数。由传热公式计算换热器的空气侧换热量 $Q=G\Delta h$ 和水侧换热量 $Q_w=Wc_{pw}\Delta t_w$，进而计算热平衡偏差。

1. 水侧换热量

$$Q_w=Wc_{pw}\Delta t_w \tag{27-1}$$

式中　Q_w——水侧换热量，kW；

　　　　W——喷淋室的喷水量，kg/s；

　　　　c_{pw}——水的定压比热，kJ/(kg·℃)；

　　　　Δt_w——喷淋室进出水温差，℃。

2. 空气侧换热量

$$Q=G\Delta h \tag{27-2}$$

式中　G——空气流动时喷淋室的干空气质量流量，kg/s；

　　　　Δh——喷淋室前后空气焓差，kg/kg$_{干空气}$，焓值按照 $h=1.01t+d(2500+1.84t)$ 计算或者查焓湿图。

3. 全热交换效率 E

$$E=1-\frac{t_{s2}-t_{w2}}{t_{s1}-t_{w1}} \tag{27-3}$$

式中　t_{s1}——喷淋室进风湿球温度，℃；

　　　　t_{s2}——喷淋室出风湿球温度，℃；

　　　　t_{w1}——喷淋室进水温度，℃；

　　　　t_{w2}——喷淋室回水温度，℃。

4. 通用热交换效率 E'

$$E'=1-\frac{t_2-t_{s2}}{t_1-t_{s1}} \tag{27-4}$$

式中　t_1——喷淋室进风干球温度，℃；

　　　　t_{s1}——喷淋室进风湿球温度，℃；

　　　　t_2——喷淋室出风干球温度，℃；

　　　　t_{s2}——喷淋室出风湿球温度，℃。

5. 热平衡偏差

以空气侧为准　　$\varepsilon_1=\dfrac{Q_w-Q}{Q}\times100\%$ $\tag{27-5}$

以水侧为准　　$\varepsilon_2=\dfrac{Q_w-Q}{Q_w}\times100\%$ $\tag{27-6}$

(二) 阻力特性实验

采用"静压法"，在规定的风量、水量下用静压环分别测量喷淋室前后静压，得到压差（认为断面流速相同）。

1. 空气流速

$$v=\sqrt{\frac{2P_{\mathrm{d}}}{\rho}}\tag{27-7}$$

式中　v——空气流速，m/s；

　　P_{d}——测量断面平均动压，Pa；

　　ρ——空气密度，kg/m³。

2. 空气流量（kg/h）

$$G=V\rho BH\times3600\tag{27-8}$$

式中　$B\times H$——测量风管断面面积（0.5×0.4），m×m。

五、实验步骤

本实验为大型综合实验，学生在掌握了单项实验的基础上，方可参加该实验，本实验分为两个阶段进行。

第一阶段（准备阶段）

1. 了解、熟悉本实验装置及仪器、仪表。

2. 配置本实验所用的仪表、仪器。

3. 熟悉装置上的有关风阀、水阀。在教师的指导下打开有关测试管路的阀门，关闭与实验无关的阀门。

4. 熟悉仪器仪表的使用。

第二阶段（实验测量阶段）

1. 将冷冻水箱内充满水，并能自动补水、溢流，同时将喷淋室放满水到溢流口的位置。

2. 将冷却塔集水盘内放满水，并开启冷却水泵。

3. 开启冷冻机组，将冷冻水箱的水温降到7℃左右。

4. 打开或关闭管路上的有关阀门，开启冷冻水泵，将冷冻水送入喷淋室，待喷淋室内的水位到溢流口时，开启回水泵。

5. 开启空调器风机，调整电加热器，使空气温度升到适当值（同时利用变频器调整风机转速，调整风量）。

6. 不断观察回水温度、进风温度，当这两个温度基本稳定后，可以直接读取有关风温、水温数值。

7. 用标准毕托管在风量测量段直接测量管路断面平均动压值，求出风量。

8. 利用浮子流量计读取喷淋水量。

9. 测量大气压力及室内空气温度。

六、实验数据记录及处理

将实验数据填入表27-1和表27-2。

温度及水流量测试记录表

表 27-1

大气压力＿＿＿＿＿ Pa 室内温度＿＿＿＿＿℃ 实验日期＿＿＿＿＿

名称序号	进风空气参数		出风空气参数		进水温度(℃)	出水温度(℃)	水流量(kg/h)
	干球温度(℃)	湿球温度(℃)	干球温度(℃)	湿球温度(℃)			
1							
2							
3							
4							
5							
6							
7							
8							
9							
10							

风量测量记录表

表 27-2

测试孔	测试次数	压力示值 P_d (mmH$_2$O)	仪器常数 K	动压计算值 (Pa)	平均动压值 (Pa)	平均风速 (m/s)	平均风量 (m³/h)
1	1						
	2						
2	1						
	2						

七、误差分析及思考

1. 引起空气侧与水侧传热量误差的原因。
2. 影响淋水室、热交换效率的主要因素有哪些?

实验二十八　空气加热器的性能测定

一、实验目的

1. 通过实验确定空气加热器的传热系数。
2. 掌握表面式换热器热工计算方法。

二、实验原理

1. 空气获热量：$Q_1 = C_{pk} \cdot G_k(t_2 - t_1)$
2. 热水放热量：$Q_2 = C_{ps} \cdot G_s(T_1 - T_2)$
3. 平均换热量：$Q = \dfrac{Q_1 + Q_2}{2}$
4. 热平衡误差：$\Delta = \dfrac{Q_1 - Q_2}{\dfrac{Q_1 + Q_2}{2}} \times 100\%$
5. 传热系数：$K = \dfrac{Q}{F \cdot \Delta t}$

式中　C_{pk}，C_{ps}——分别为空气和水的定压比热。$[J/kg \cdot ℃]$；

　　G_k，G_s——分别为空气和水的质量流量，kg/s，

$$G_k = F_k \sqrt{2(\xi \cdot b \cdot h_k)\rho_k}$$

　　G_s——进口温度下的水流量，kg/s；

　　F_k——测速风管面积，m^2；

　　ξ——笛形管压力修正系数

　　b——微压计倾斜比，取 $1/5$；

　　h_k——微压计读数，Pa；

　　ρ_k——空气密度，kg/m^3；

　　t_1，t_2——空气的进出口温度，$℃$；

　　T_1，T_2——热水的进出口温度，$℃$；

　　F——换热器散热面积，m^2；

　　Δt——传热温差，$℃$。

$$\Delta t = \frac{(T_2 - t_1) - (T_1 - t_2)}{\ln \dfrac{T_2 - t_1}{T_1 - t_2}}$$

注意事项：热水温度不能超过 $80℃$，不然，将使水泵因气蚀而不能正常工作。

三、实验仪器和设备

实验装置示意图如图 28-1 所示。

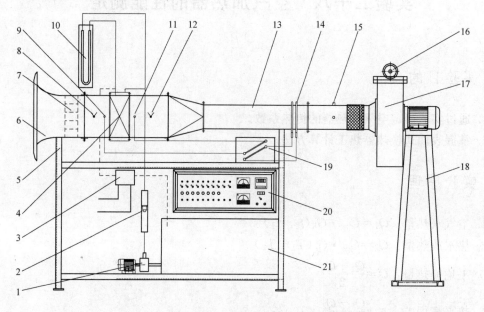

图 28-1　实验装置示意图

1—循环水泵；2—转子流量计；3—过冷器；4—表冷器；5—实验台支架；6—吸入段；7—整流栅；8—加热前空气温度；9—表冷器前静压；10—U 形差压计；11—表冷器后静压；12—加热后空气温度；13—流量测试段；14—笛形管；15—笛形管校正安装孔；16—风量调节手轮；17—引风机；18—风机支架；19—倾斜管压力计；20—控制测试仪表盘；21—水箱

1. 换热器为表冷器，表冷器几何尺寸如表 28-1 所示。

表 28-1

表冷器几何尺寸

铝串片尺寸（mm）	片距 b（mm）	基管直径 d_w/d_n（mm）	迎风面积 F_y（m²）	散热面积 F（m²）	最窄通风面积 f（m²）	热水流通面积 f'（m²）
250×65	2.8	6/4	0.0864	2.775	0.039	0.00001256

2. 水箱电加热器总功率为 9kW，分六档控制，六档功率分别为 1.5kW。

3. 空气温度用镍铬—康铜（E 型）热电偶测量。水温用镍铬—考铜热电偶测量。

4. 空气流量用笛形管配倾斜式微压计测量。

5. 空气通过换热器的流通阻力：在换热器前后的风管上设静压测嘴，配倾斜式微压计测量；热水通过换热器的流通阻力，在换热器进出口处设测阻力测嘴，配用压差计测量。

6. 热水流量用转子流量计测量。

四、实验步骤

（一）设备安装和调度

1. 用橡胶管及金属管箍连接风机进口及试验风管。

2. 连接电源（380V，四线，50HZ，10.5kW）。

3. 连接热水出口再冷却器进出口水管。

4. 向电热水箱内注水至水箱净高 5/6 处。

5. 用铜管或耐压胶管连接换热器进出口处的阻力测嘴和差压计的管口。

6. 连接倾斜式微压计及其相应的接口。

7. 用电位差计测量温度时，将电位差计的测量导线接到琴键开关处的接线柱上。

（二）工况调节

1. 全开水箱电加热器开关，待水温接近试验温度时，打开水泵开关，利用水泵出口阀门调节热水流量。

2. 在风机出口阀门全关的情况下开启风机，然后开启风阀，并利用该阀门调节空气流量。

3. 视换热器情况，调节水箱电加热器功率（改变前三组加热器的投入组别，并利用调压器改变第四组加热器的工作电压），使热水温度稳定于试验工况附近。

4. 调节热水出口再冷却器的冷水流量，使出口热水再冷却至不气化即可。

停机注意事项：

（1）先关闭全部电热器开关；

（2）10min 后关闭水泵、风机开关和再冷却器冷水开关，全关风机出风阀门；

（3）最后，切断电源。

（三）实验步骤

1. 拟定试验热水温度（可取 $T_1 = 60 \sim 80℃$）

2. 在固定热水流速，改变空气流速的工况下，进行一组试验（5个以上工况）。

3. 在固定空气流速，改变热水流速的工况下，进行一组试验（5个以上工况）。

4. 每一工况的试验，均需测定以下参数：空气进口温度（或室温）；空气出口温度及空气流量；热水进出口温度及热水流量；空气和热水通过换热器的阻力等。

注1：利用热电偶测量空气进出口温度时，其测量方法有两种：

（1）电位差计（用户自备）直接接在琴键开关盒的接线柱上（即不接冰点），此时，由于换热器空气进口温度等于室温，其热电偶所产生的热电势为零。因此，空气出口处热电偶所产生的热电势对应的温度值，即为进出口温度之差，可直接用此值进行空气热量计算，空气出口温度为此值与室温之和。室温可用水银温度计在进风口附近测量。

（2）另配一支相同的热电偶置于冰瓶中，连接到冰点接线柱上，则电位差计所测得热电势对应的温度值即为空气出口（或进口）的温度（为了简便，本装置不采用这种方法，不设冰点接线柱）。

注2：笛形管的流量系数可事先用毕托管或风速仪（用户自备）进行标定。

五、问题讨论

本实验误差产生的原因是什么？如何有效的减小误差？

镍铬-铜镍（康铜）热电偶（E型）温度-微伏对照表   附表

温度	μV 0	μV 1	μV 2	μV 3	μV 4	μV 5	μV 6	μV 7	μV 8	μV 9
0	0	59	118	176	235	194	354	413	472	532
10	591	651	711	770	830	890	950	1010	1071	1131
20	1192	1252	1313	1373	1434	1495	1556	1617	1678	1740
30	1801	1862	1924	1986	2047	2109	2171	2233	2295	2357
40	2420	2482	2545	2607	2670	2733	2795	2858	2921	2984
50	3048	3111	3174	3238	3301	3365	3429	3492	3556	3620
60	3658	3749	3813	3877	3942	4006	4071	4136	4200	4265
70	4330	4395	4460	4526	4591	4656	4722	4788	4853	4919
80	4985	5051	5117	5183	5249	5315	5382	5448	5514	5581
90	5648	5714	5781	5848	5915	5982	6049	6117	6184	6251
100	6319	6386	6454	6522	6590	6658	6725	6794	6862	6930
110	6998	7066	7135	7203	7272	7341	7409	7478	7547	7616
120	7658	7754	7823	7892	7962	8031	8101	8170	8240	8309

实验二十九　空调系统送风的调整测定

　　空调系统安装完毕后，需要对其进行测定和调整，以便确定是否达到了设计的要求，从而可以对设计、施工以及设备的性能等各方面加以总结或提出改进措施；已运行的空调系统出现问题时，通过测定调整可以发现问题的症结，提出改进的方法。

　　在空调系统无生产负荷联合试运转中，对系统送风量的测定与调整具有重要意义。

　　空调系统送风量的测定调整，也就是通常所说的风量平衡。如果处理过的空气在进行了系统风量的调整后，按设计要求由主管、支管、送风口送到空调房间，就为房间达到设计要求的温湿度提供了保证。由此可见，空调系统送风量测定调整是极其重要的。

　　风量调整的方法大致有逐段分支法、流量等比分配法、基准风口调整法等。

　　逐段分支法带有一定的盲目性，花费时间较多，只适应较小的空调系统。流量等比分配法测定调整结果比较准确，由于反复测定的次数不是很多，也就节省了时间，因此适应于较大的空调系统。但是该方法要求在每一管段上都设有测孔，这除增加了许多辅助工作和测定工作量之外，又由于实际工程中管道安装空间的限制，会有某些部位无法进行测定，这无疑影响了该方法的应用。基准风口法适于风口数量较多的大型空调系统，由于它主要是测定风口处的风量，因此不需要在每段管道上都设测孔，选择必要处设置即可，这样减少了工作量，提高了调整的速度。但是它要先将风口风量调整均匀才能进行系统的调整。

　　本实验介绍基准风口调整法。

一、实验目的

　　通过对简单送风系统的测定和调整，学习并掌握基准风口调整法。

二、实验原理

　　送风量的调整就是在测量出管段的风量后，及时调整风管上的调节阀，使每一分支管或风口处的风量达到设计要求。调整调节阀就是改变了管路中的阻力，由于阻力的改变，风量也随之改变。

　　由流体力学可知：

$$H=kL^2 \tag{29-1}$$

式中　H——风管的阻力；

　　　　L——流经风管的风量：

　　　　k——风管阻力特性系数，与空气性质、管道直径、管道长度、摩擦阻力、局部阻力等因素有关。对同一风管来说，若只改变风量而其他条件不变，则 k 值基本不变。

从图 29-1 可以得出：

$$H_1 = k_1 L_1^2 ; H_2 = k_2 L_2^2$$
$$H_1 = H_2 \qquad\qquad (29\text{-}2)$$
$$k_1 L_1^2 = k_2 L_2^2$$
$$\frac{k_1}{k_2} = \left(\frac{L_2}{L_1}\right)^2$$
$$\sqrt{\frac{k_1}{k_2}} = \frac{L_2}{L_1} \qquad\qquad (29\text{-}3)$$

式中　H_1——管段 Ⅰ、Ⅱ的阻力；

　　　L_1——管段 Ⅰ、Ⅱ的风量；

　　　k_{12}——管段 Ⅰ、Ⅱ的阻力特性系数。

如果 C 处的调节阀不变动，那么有

$$\sqrt{\frac{k_1}{k_2}} = 常数$$

如果改变 A 处调节阀（系统总管上的调节阀），C 处调节阀仍然不变，那么系统总风量发生了变化，而 $\sqrt{\dfrac{k_1}{k_2}}$＝基本不变。

$$k_1 (L_1')^2 = k_2 (L_2')^2 \qquad\qquad (29\text{-}4)$$
$$\sqrt{\frac{k_1}{k_2}} = \frac{L_2'}{L_1'} \qquad\qquad (29\text{-}5)$$

将式（29-3）与式（29-5）比较，得：

$$\sqrt{\frac{k_1}{k_2}} = \frac{L_2'}{L_1'} \qquad\qquad (29\text{-}6)$$
$$\frac{L_2}{L_1} = \frac{L_2'}{L_1'} = 常数 \qquad\qquad (29\text{-}7)$$

式中　L_1　L_2——调节 A 处阀门后管段 Ⅰ、Ⅱ上的风量。

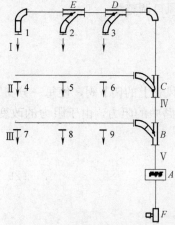

图 29-1　系统图

这样只要 C 处的调节阀不再变动，无论它前面的总风量如何变化，管段 Ⅰ 和管段 Ⅱ 的风量总是按一定比例（即 $\sqrt{\dfrac{k_1}{k_2}}$＝常数）来进行分配的。

三、实验装置及仪器

实验装置与系统如图 29-1 所示。为使风口处的测定更加方便和准确，可再在风口处加上一段直管。

实验用仪器包括：热球风速仪、叶轮风速仪、毕托管、倾斜式微压计、通风干湿球温度计、玻璃水银温度计、空盒气压表等。

四、实验方法

1. 管道内风速、风量的测定中关于测定断面的选择、测点的布置、风速与风量的计算等见有关内容。

2. 风口风量的测定。由于风口有效通风面积与外框的面积相差较大（大约在50%～70%），难于准确的测定。经研究表明，送风口风量可按式（29.7）简化计算：

$$L=3600kF_{\mathrm{w}}v \tag{29-8}$$

式中　L——送风口的风量，m^3/h；

　　　K——送风口格栅的修正系数，一般为 $0.7\sim1.0$；

　　　F_{w}——送风口外框的面积，m^2；

　　　v——送风口处测得的平均风速，m/s。可用热球风速仪或叶轮风速仪测定送风口处风速。

用叶轮风速仪测定送风口处风速的方法有：

匀速移动法。对于截面不太大的风口，可将叶轮风速仪在截面上按一定的路线缓慢匀速地移动，如图29-2所示。移动路线应遍及测定平面各部位。移动时，叶轮风速仪不得离开风口平面。移动一遍后即可得到测定平面上的平均风速。通常应测定3次以上，然后取它们的平均值作为该断面的风速值。

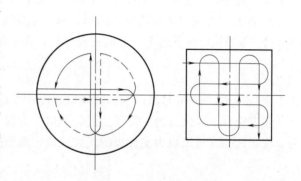

图 29-2　匀速移动测量路线图

五、实验步骤

1. 将所有三通调节阀都调到中间位置（指阀叶处于调节范围的中间位置），A处阀门设定于某一运行位置，其余调节阀全部打开。

2. 启动送风机。对全部风口的风量进行初调：

$$a=\frac{L_2}{L_1}\times100\% \tag{29-9}$$

式中　a——风口初测风量与设计风量的比值百分数；

　　　L_2——风口初测风量；

　　　L_1——风口设计风量。

将计算结果列表整理。

3. 在各支管中均选择 a 值最小的风口作为基准风口进行初调（假设经测算，1号、5号、7号风口的 a 值最小）。调节一般从离送风机最远的支管Ⅰ开始。用两套仪器同时测量1号、2号风口，用调节阀E调节，使得

$$\frac{L_{1c}}{L_{1s}}\times100\%\approx\frac{L_{2c}}{L_{2s}}\times100\% \tag{29-10}$$

式中　L_{1c}、L_{1s}——1 号风口的实测风量和设计风量；

　　　L_{2c}、L_{2s}——2 号风口的实测风量和设计风量。

这样调整后，1 号风口的 a 值将增加，2 号风口的 a 值将减小。根据风量平衡的原理，无论前边风管的风量如何变化，1 号和 2 号风口的风量将随之等比的分配。

4. 1 号风口处的测量仪器不动，再同时测量 1 号和 3 号风口，用调节阀 D 调节，使得

$$\frac{L_{1c}}{L_{1s}}\times100\%\approx\frac{L_{3c}}{L_{3s}}\times100\% \tag{29-11}$$

式中　L_{3c}、L_{3s}——3 号风口的实测风量和设计风量。

这样调整后，支管 I 的风口风量基本达到平衡，即 a 值接近相等。

5. 支管 II 和支管 III 也按前述的方法调整平衡。其中假设的基准风口 5 号风口不在支管末端，调整时将要从 4 号风口开始逐步向前调节。

6. 各支管上风口风量调整平衡后，从最远的支管开始进行支管风量的调整。假设选择 3 号、6 号风口为支管 I、II 的代表风口，调节阀门 C，使得

$$\frac{L_{3c}}{L_{3s}}\times100\%\approx\frac{L_{6c}}{L_{6s}}\times100\% \tag{29-12}$$

式中　L_{6c}、L_{6s}——6 号风口的实测风量和设计风量。

假定选择 9 号风口为支管 III 的代表风口；支管 IV 的代表风口可在 1～6 号调风口中任选，假定选择 6 号风口为支管 IV 的代表风口，调节阀门 B，使得

$$\frac{L_{6c}}{L_{6s}}\times100\%\approx\frac{L_{9c}}{L_{9s}}\times100\% \tag{29-13}$$

式中　L_{9c}、L_{9s}——6 号风口的实测风量和设计风量。

于是，支管 I、II、III、IV 均已调整平衡。但此时各风口的风量尚不等于设计风量。

7. 调节总管阀门 A，使总管风量达到设计风量。这时，各支管和各风口将按调整好的比值百分数自动进行等比分配使它们达到设计的风量。

六、数据整理

将测定数据与调整过程记于表 29-1。

送风量调整测定表　　　　　　　　　　　　　　　　　　　　　　表 29-1

支管	风口	设计风量 L (m³/h)	实测风量 L (m³/h)	比值百分比 α (%)	调整风量 L(m³/h)	调整值 百分比 (%)	调整风量 L(m³/h)	调整值 百分比 (%)

支管	风口	设计风量 L (m³/h)	实测风量 L (m³/h)	比值百分比 α (%)	调整风量 L(m³/h)	调整值 百分比 (%)	调整风量 L(m³/h)	调整值 百分比 (%)

七、问题讨论

1. 基准风口调整法与流量等比分配法各有什么特点？它们各适用于什么样的空调系统？

2. 空调系统送风量的调整中，经常会碰到风口形式、规格、风量等都相同的风口，那么在风口送风量的均匀调整中，可采取一些什么措施来加快调试的进度呢？

3. 为什么要以 a 值最小的风口为基准风口？为什么要从离送风机最远的支管开始调整？

4. 假设有一个较大的空调系统，它既有送风系统又有回风系统，那么在测定调整时是先调整送风系统还是先调整回风系统为好？为什么？

实验三十　风管内风量的测定实验

一、实验目的及要求

1. 了解管内风速、风量测量的基本方法。
2. 掌握毕托管与微压计的使用。
3. 掌握管内风速风量测量的不同方法。

二、实验原理

1. 动压法：用毕托管在气流稳定的断面，测量各测量点的动压值，求得该断面的平均动压，利用公式求该断面平均的风速，进而求得该断面的风量。
2. 静压法：利用风机性能装置进口集流器测量风管内的风速，由于集流器的特殊性，集流器进口处静压等于风管内动压。

三、实验方法

1. 测定断面的选择

为了得到管内空气真实压力，测量断面必须选择在气流组织平稳的直管段上。

本实验测量断面选择在表面式换热器的下侧（动压法）。静压法测量时，直接以集流器进口作为测量断面，在集流器进口设有静压环。

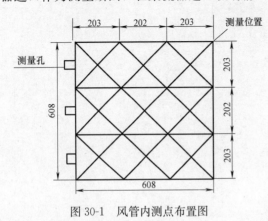

图 30-1　风管内测点布置图

2. 测定点的位置和个数（动压法）

流体力学告诉我们，管内气流速度分布呈非均匀性，压力分布呈非均匀性，因而同一个测量断面上必须选择多个测量点，求其压力平均值。测量矩形风管内风量时，将矩形风管段面划分成若干个面积相等的小矩形，测点布置在每个小矩形的中心，小矩形每边的长度为 200mm 左右，本实验测点布置如图 30-1 所示。测量断面、测量点确定后，可用毕托管与微压计测量断面静压和各点动压，求出断面的平均压力。

3. 计算方法

（1）动压法：管内平均动压（Pa）按照下式计算，

$$P_d=(P_{d1}+P_{d2}\cdots\cdots+P_{dn})/n \tag{30-1}$$

式中　n——测点个数。

　　风速（m/s）：

$$v=\sqrt{\frac{2P_d}{\rho}} \tag{30-2}$$

式中　ρ——管内空气密度，kg/m^3。

　　风量（m^3/h）：

$$L=3600vA \tag{30-3}$$

式中　A——风管断面面积，m^2。

　　（2）静压法

　　风速（m/s）：

$$v=\alpha\sqrt{\frac{2P_{vn}}{\rho_n}} \tag{30-4}$$

式中　P_{vn}——集流器进口静压，Pa；

　　　　ρ_n——空气密度，kg/m^3，通常可以取 $1.2kg/m^3$；

　　　　α——流量系数，取 0.98。

　　风量计算同式（30-3）。

四、实验步骤

1. 动压法

（1）将微压计调平调零，并选择合适的仪器常数。

（2）将毕托管与微压计连接好，高压侧接"＋"，低压侧接"－"。

（3）启动风机，并利用变频器调整合适的频率，待风机正常运转后，即可测量。

（4）将毕托管由测量孔插入，将测头放在确定好的位置处，保证毕托管与风管中心平行，同时与壁面垂直，读出动压值填入表 30-1 内。

2. 静压法

（1）将微压计手柄放在校准位置，微压计调平、调零。

（2）用橡胶管将静压环接头与微压计连接好。

（3）启动风机，待风机运转正常以后，便可直接测量。

（4）将微压计手柄放在测量位置，直接可以读取静压值，填入表 30-2 内。

五、实验注意事项

1. 毕托管必须放正，位置必须正确。

2. 倾斜管微压计必须及时回零，数字微压计必须及时调零。

3. 风机工作必须在稳定状态下。

六、实验数据记录及处理

大气压力_____Pa 室内温度_____℃矩形风管尺寸___608×608___mm×mm 风管面积__0.37__m²

动压法测量数据记录表 实验日期： 表 30-1

测定孔	测定次数	读数值 （mmH₂O）	仪器常数 K	动压计算值 （Pa）	平均动压值 （Pa）	平均风速 （m/s）	平均风量 （m³/h）
	1						
1	2						
	3						
	1						
2	2						
	3						

静压法测量数据记录表 表 30-2

风管直径(m)	风管面积(m²)	集流器静压(Pa)	风速(m/s)	风量(m³/h)

七、思考题

1. 为什么要对一个断面进行多点测动压？如果采用圆柱风管，断面上的测点怎样布置？

2. 标准毕托管是否也可以用于含尘气流的测量？

114

实验三十一 排风罩性能测定实验

一、实验目的和任务

通风系统空气流动的阻力包括管道的摩擦阻力和管件、设备的局部阻力。本实验以排风为例学习测定通风系统局部构件的阻力、局部阻力系数、流量系数、流量等的方法；分析排风罩口前轴线上相对速度的变化规律；了解排风罩内的压力分布与罩子尺寸、风速等因素的关系，全面评价排风罩的性能。

二、实验仪器、设备及材料

排风罩口（内径为 $\phi 294\text{mm}$，管道内径为 $\phi 128\text{mm}$），笛形流量计（修正系数 $K = 0.98$），插板阀，风机、电机、多管压力计、玻璃水银温度计、气压表、热球风速仪等。

P_{dA}——A—A 断面的动压，Pa；

P_{jA}——A—A 断面的静压，Pa。

三、实验原理

1. 排风罩阻力的测定

按图 31-1 所示，排风罩的阻力应为 O—O 断面与 A—A 断面的全压之差，即

$$\Delta p_q = p_{qo} - p_{qA} \tag{31-1}$$

由于罩口前 O—O 断面处的全压等于零，

$$\Delta p_q = 0 - p_{qA}$$

$$\Delta p_q = -(p_{dA} + p_{jA}) \tag{31-2}$$

式中 ΔP_q——排风罩的阻力，Pa；

P_{qO}——罩口前 O—O 断面的全压，Pa；

P_{qA}——A—A 断面的全压，Pa；

实验测定中，在 A—A 断面上测定动压时因气流很不稳定，不易取得较精确的测定值。这时一般选择气流相对稳定的 B—B 断面进行测定，由于 B—B 断面与 A—A 断面的面积相等，所以有：

$$p_{da} = p_{db}$$

$$p_{db} = |p_{qB}| - |p_{jB}| \tag{31-3}$$

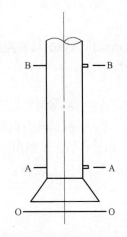

图 31-1 排风罩阻力测试图

式中　P_{dB}——B—B 断面的动压，Pa；

　　　P_{jB}——B—B 断面的静压，Pa；

　　　P_{qB}——B—B 断面的全压，Pa。

通常可用毕托管或者笛形流量计来测定上述压力值。因此有：

$$\Delta p_q = -(p_{jA} + p_{dB}) \tag{31-4}$$

2. 排风罩的风量以及局部阻力系数和流量系数的确定

（1）用动压法测定排风罩的风量

在较稳定的 B—B 断面上测得各点的动压后，即可计算出该断面上的风速和风量：

$$V = \sqrt{\frac{2}{\rho} \left(\frac{\sqrt{p_{d1}} + \sqrt{p_{d2}} + \cdots + \sqrt{p_{dn}}}{n} \right)} \tag{31-5}$$

$$L = 3600 v F \tag{31-6}$$

式中　　ρ——空气密度，kg/m^3；

$P_{d1} \cdots P_{dn}$——各测点的动压值，Pa；

　　　n——测点数；

　　　L——流经排风罩的风量，m^3/h；

　　　F——B—B 断面的截面积，m^2。

（2）用静压法测定排风罩的风量，确定局部阻力系数和流量系数

在实际的通风系统中，由于设计、施工上的原因，各管件设备之间距离都比较近，难于找到稳定的测定断面，因此用动压法测定不够准确。所以本实验以测量 A—A 断面静压的方法求得排风罩的风量，并确定其局部阻力系数和流量系数。

由于

$$\Delta p_q = -(p_{jA} + p_{dA})$$

$$Z = \zeta \frac{\rho v^2}{2} \tag{31-7}$$

$$\Delta p_q = \zeta \frac{\rho v_A^2}{2} = \zeta p_{dA}$$

所以排风罩的局部阻力系数为：

$$\zeta = \frac{\Delta p_q}{p_{dA}} = \frac{-(p_{jA} + p_{dA})}{p_{dA}} = \frac{|p_{jA}| - p_{dA}}{p_{dA}} \tag{31-8}$$

式中　Z——局部阻力，Pa；

　　　ζ——局部阻力系数；

　　　v_A——A—A 断面的风速，m/s。

由式（31-7）可得：

$$p_{dA} = \frac{|p_{jA}|}{1+\zeta}$$

或

$$\sqrt{p_{dA}} = \frac{\sqrt{|p_{jA}|}}{\sqrt{1+\zeta}} \tag{31-9}$$

令

$$\mu = \frac{1}{\sqrt{1+\zeta}} \tag{31-10}$$

则

$$\sqrt{p_{\text{dA}}} = \mu \sqrt{|p_{\text{jA}}|} \tag{31-11}$$

所以排风罩的流量系数 μ 为：

$$\mu = \sqrt{\frac{p_{\text{dA}}}{|p_{\text{jA}}|}} \tag{31-12}$$

各种类型、尺寸的排风罩，其流量系数 μ 一般由实验确定，有关资料将它们列出以供选用。当实际排风罩与资料中的排风罩不同时，计算会有误差。

已知流量系数后，只要测出 A—A 断面管道的静压，即可由式（31-13）计算出风量。

$$L = \mu F \sqrt{\frac{2|P_{\text{j}}|}{\rho}} \tag{31-13}$$

3. 罩口前轴线相对速度的变化规律

各种形状的吸气口流动规律可以通过实验来分析。对于结构一定的吸气口，不论吸气口风速大小如何，其等速面形状大致相同。

根据研究结果，罩口前轴线上相对速度的经验公式为：

$$\frac{v_{\text{x}}}{v_0} = \frac{1}{1 + a\left(\frac{x}{D}\right)^b} \tag{31-14}$$

将公式改写，可得到：

$$\log\left(\frac{v_0}{v_{\text{x}}} - 1\right) = \log a + b\log\frac{x}{D} \tag{31-15}$$

式中　　v_{x}——距罩口平面 x 处的速度，m/s；

　　　　v_0——罩口平面的中心速度，m/s；

　　　　D——测点距罩口平面的距离，mm；

　　　　a——经验系数；

　　　　b——经验指数。

式（31-14）在对数坐标上为一直线，可用作图法或回归法计算出 a、b 值。

4. 实测排风罩口的气流分布规律

四、实验步骤

调节管道阀门压力，由大到小取得系统中三个不同的风量。在每个工况下，分别测出各测点的压力值。在大风量工况下，测定罩口前轴线上各点速度值。按有关计算公式求出相应的系数。

实验步骤如下：

1. 测定室内温度和大气。

2. 做好测定静压、全压的准备，校正热球风速仪。

3. 启动风机，调节插板阀处在风量为最大的位置。

4. 在多管压力计上读取排风罩壁面上各测点的静压值、B—B 断面上的平均静压值、平均全压值。

5. 绘制排风罩罩口的速度分布测点布置图，记录排风罩口各测点的速度值。分析排风罩口的气流分布情况。

6. 按已确定的罩口前的距离，用热球风速仪逐点测定风速值。在进行第 5 项的测定后，改变风量再重复上述的各项测定，共测三次。

五、实验报告要求

将原始数据记于表 31-1~表 31-4。

将计算整理数据记于表 31-5 和表 31-6。

排风罩内的压力分布以曲线图表示，画于图 31-2 上。分析罩口收缩段静压的变化规律。

排风罩口前轴线上相对速度的变化也以曲线图表示，画于图 31-3 上，并总结出经验公式。

基本数据记录表　　　　　　　　　　　　　　　　　表 31-1

日期		大气压力(Pa)	
室温/℃		笛形流量计修正系数	$K=0.98$
排风罩口内径	mm	管道内径	mm

排风罩内压力值的测定记录　　　　　　　　　　　表 31-2

测定序号		排风罩内压力值的测定记录													B—B 断面压力值	
	多管压力计上的编号	1	2	3	4	5	6	7	8	9	10	11	12	13	15	16
	测点序号	1	2	3	4	5	6	7	8	9	10	11	12	13	P_{jB}	P_{dB}
1	读数(mmH$_2$O)															
2	读数(mmH$_2$O)															
3	读数(mmH$_2$O)															

绘制排风罩罩口的速度分布测点布置图，将测点各点气流速度填于表 31-3。

排风罩罩口平面气流速度测定记录表　　　　　　　表 31-3

	距中心点距离 x (mm)	测点风速记录(m/s)					
		热球风速仪指示读数			修正后的实际风速		
		1	2	3	1	2	3
v_{01}							
v_{02}							
v_{03}							
v_{04}							
v_{05}							
v_{06}							
v_{07}							
v_{08}							

排风罩口前轴线上气流速度测定记录表

表 31-4

测点序号	距中心点距离 x (mm)	测点风速记录(m/s)					
		热球风速仪指示读数			修正后的实际风速		
		1	2	3	1	2	3
1							
2							
3							
4							
5							
6							

排风罩性能计算整理表

表 31-5

测定序号	排风罩内各测点静压值(Pa)													B—B断面压力值		动压(Pa) $P_{dB}=$ $\mid P_{jB}\mid - \mid P_{qB}\mid$	局部阻力系数 ζ	流量系数 μ	风量 (m³/h)
	1	2	3	4	5	6	7	8	9	10	11	12	13	P_{jB}	P_{qB}				
1																			
2																			
3																			

排风罩口前轴线上相对速度计算整理表

表 31-6

测点序号	距罩口距离 /mm	$\log \dfrac{x}{D}$	测点风速(m/s)	$\log\left(\dfrac{v_0}{v_x}-1\right)$
1				
2				
3				
4				
5				
6				
7				
8				

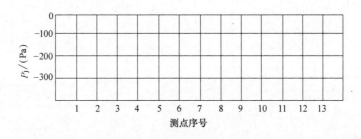

图 31-2 排风罩内压力分布图

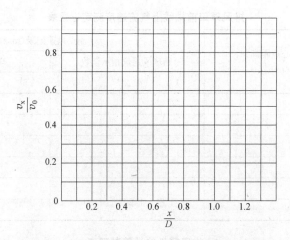

图 31-3　排风罩口前轴线上相对速度变化规律图

六、实验注意事项

　　1. 热球风速仪属于精密仪器，使用过程中一定要严格按要求使用，注意保护；等到仪表稳定后再读数，以便减小数据误差。

　　2. 使用多管压力计时，要注意排出其中的气泡，以免影响读数的准确性。

七、思考题

　　1. 通风系统构件的局部阻力系数一般由实验确定，请简述实验的原理与途径。

　　2. 以本实验为例，试述计算局部阻力时为什么不考虑相对粗糙度和雷诺数的影响。

　　3. 试说明排风罩内压力分布的状况与特点。分析罩口平面速度分布均匀性情况。

　　4. 根据排风量变化对速度分布的影响，总结罩口前轴线相对速度的变化规律，并与教材上的公式作对比，分析误差产生原因。

实验三十二　管内水流量测定

一、实验的目的及要求

通过该实验使学生能够了解水流量的几种测量方法，了解各种测量仪表性能及各自的优缺点，熟悉流量测量仪表的使用。

二、实验装置

1. 水泵出口的浮子流量计。
2. 蜗轮流量变送器（在被测表冷器的进水管路上）。
3. 电子台秤（在被测表冷器出水管路的末端）。

三、配用仪表

流量积算仪、秒表、称重水箱。

四、测量方法

1. 浮子流量计

将被测表冷器管路的有关阀门打开或关闭，将冷冻水箱内放满水，至溢流口处，启动测试用冷冻水泵，打开放气阀，释放管路内的空气。待水泵正常工作后，读取浮子流量计流量（浮子上表面与刻度成相平行）。

2. 涡轮流量计

准备工作与浮子流量计一样，待水泵正常运转后，打开流量积算仪电源，档位调至低六位，工作状态选择为瞬时流量，将选择开关选择在测量状态，在数码管上直接读取流量。

3. 称重法

准备工作与浮子流量计一样，待水泵运转正常后，将称重水箱的存水放净后，把电子台秤去皮（即相对起始值为 0kg）开启电控柜上的称重按钮，进入称重水箱的管路上电磁阀打开，进入冷冻水处的管路上电磁阀关阀，水全部进入称重水箱，在打开称重按钮的同时，开启秒表，计时 3～5min 即可，根据称得的水量、时间，折算成小时流量。

以上 3 种测量方法均在一个管路系统上，同一个测试水泵。

五、数据记录

实验数据记录于表 32-1。

各种流量计实验记录表　　　　　　　　　　　　　　　　表 32-1

浮子流量计	型号	流量(kg/h)		
涡轮流量计	传感器型号	积算仪型号		流量(kg/h)
称重法	名称型号	净水重量(kg)	计时(分)	流量(kg/h)

六、分析思考

1. 三种流量测量方法各自的优缺点是什么？
2. 三种测量结果的误差分析，引起误差的原因是什么？

实验三十三　热电偶的制作及校验综合实验

一、实验目的

1. 掌握热电偶的测温原理。
2. 掌握热电偶的材质要求。
3. 掌握热电偶的制作方法。
4. 掌握热电偶的校验方法。

二、实验内容

1. 制作铜-康铜热电偶。
2. 校验所制作的热电偶。
3. 熟悉热电偶冷端补偿的几种方法。
4. 绘制热电势 E 与温度 t 的曲线。

三、实验原理与装置

1. 热电偶测温原理

将 A、B 两种不同材质的金属导体的两端焊接成一个闭合回路，如图 33-1 所示。若两个接点处的温度不同，在闭合回路中就会有电势产生，这种现象称为热电势。两点间温差越大，则热电势越大。在回路内接入毫伏表，它将指示出热电势的数值。这两种不同材质的金属导体的组合体就称为热电偶。热电偶的热电极有正（＋）、负（－）之分。当 $T_1 > T_2$ 时，热端（T_1）和冷端（T_2）所产生的等位电势分别为 E_1 和 E_2，此时回路中的总电势为：

$$E = E_1 - E_2 \tag{33-1}$$

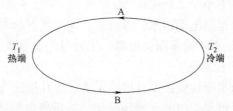

图 33-1　热电偶测温原理

当热端温度 T_1 为测量点的实际温度时，为了使 T_1 和总电势 E 之间具有一定关系，令冷端温度 T_2 不变，即 $E_2 = C$（常数），这样回路中的总电势为：

$$E = E_1 - C \tag{33-2}$$

回路中产生的电势仅是热端温度 T_1 的函数。

当冷端温度 $T_2 = 0℃$ 时，回路中电势所对应的温度即为热端的温度 T_1，根据上述原理，可以选择到许多反应灵敏、准确、使用可靠耐久的金属导体来制作热电偶。

2. 热电偶的校验

焊接好的热电偶，因材质的差异、焊点质量的差异，每支热电偶产生的热电势也不尽相同，所以，热电偶在使用之前必须进行校验。校验时，可以为每支热电偶绘出其 E-t 曲线，以供测温时使用。

四、实验步骤

1. 热电偶的制作（实验装置如图 33-2 所示）

（1）准备好一合调压器；

（2）将两个废旧的 1 号电池取出碳棒，将碳棒一端磨成锥体，另一端用导线拧紧在碳棒上并接到调压器的输出端；

（3）将调压器的输入端接电源，输出调压调到 20V 左右；

（4）将两根碳棒放在工作台上，中间留有间隙，将待焊的热电偶端头放在碳棒中间，两只碳棒向热电偶缓缓靠近，当产生弧光时，两根导线熔化形成光滑无孔的球形焊接点，这样就焊好一个热电偶。

2. 热电偶的校验（实验装置如图 33-3 所示）

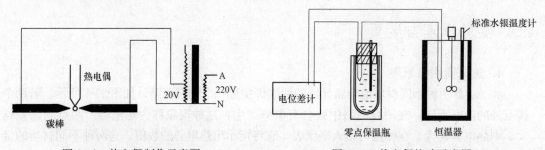

图 33-2　热电偶制作示意图　　　　图 33-3　热电偶校验示意图

（1）熟悉校验热电偶所用的仪器设备的性能及使用方法。

（2）按校验装置安装校验仪表设备。热电偶的工作端、参考端分别插入恒温器和零点保温瓶中，插入深度一般不小于 200mm。

（3）选择校验点，根据热电偶国家标准规定，铜－康铜热电偶的校验点可按温度间隔 50℃，100℃ 来选择。由于本实验采用恒温器，主要目的是掌握热电偶的校验方法，建议选择 20℃、50℃、70℃ 为校验点。

（4）恒温：首先调节水银接触温度计的给定值，使其接近校验点。并接通恒温器调控器的电源，开启电动泵使恒温器内的水循环流动。然后将电加热器的开关开启进行加热。当恒温指示灯时亮时灭时，说明已恒温。此时，应将电加热器开关关断，待温度稳定后读出标准温度计的读数，如果与校验点要求的温度不同时，可通过微调水银接触温度计的给定值，使其稳定的校验点 ±5℃ 范围内，即可进行校验。

（5）读数，读数按下列次序进行：

标准、被校 1、被校 2、……、被校 X；

标准、被校 1、被校 2、……、被校 X。

每个校验点读数不应少于 4 次，读数前后槽内温度变化应不大于 $\pm0.1℃$，将读数记入表 33-1 中。

五、校验结果

1. 计算热电偶的误差 $\qquad \Delta t = t_{校} - t_{实}$ （33-3）

式中 $t_{校}$——校验点的温度，根据被校验热电偶读数的平均值，查热电偶分度，℃；

$t_{实}$——校验点的实际溢度，根据标准温度计读出，℃；

$$t_{实} = \Delta + t_{平均}$$ （33-4）

$t_{平均}$——标准温度计的平均读数，℃；

Δ——标准温度计的修正值，℃；

2. 计算热电偶的允许偏差

根据热电偶国家标准规定的铜-康铜热电偶的允许偏差。按 Ⅱ 等热电偶计算允许偏差 $\Delta t'$。

Δt 和 $\Delta t'$ 进行比较，并对被校验的热电偶进行评价。

镍铬—镍硅热电偶校验记录附表　　　　　　　　表 33-1

校验点	读数					校验结果
	序号	标准温度值（℃）	热电偶			
			热电势（V）	温度值（℃）		
1	1					
	2					
	3					
	平均值					
	修正值					
	实际值					
2	1					
	2					
	3					
	平均值					
	修正值					
	实际值					
3	1					
	2					
	3					
	平均值					

实验三十四　室内空气质量检测实验

一、实验目的

本实验是建筑环境测试技术课程的综合性实验，包含了建筑环境测试技术、暖通空调两门课程的知识点。测量室内空气品质的各种仪器的使用及各项指标的测定方法，分析室内空气质量是否符合国家标准；有关空气品质的概念、评价方法和影响因素。通过本实验，要求学生了解影响室内空气品质的各项指标、掌握各项指标的测定方法及测定原理，并通过对测试数据的分析，掌握一种室内空气品质综合评价方法，使学生对室内空气品质有更全面的了解。

二、实验原理

本实验所用到仪器设备的原理如表 34-1 所示。

设备原理表 表 34-1

测试项目	测试原理
速度	热球风速仪传感器头部的微小玻璃球内有可以通电的细金属丝，该金属丝与热电偶串联。热电偶的冷端直接暴露在气流中，当一定大小的电流通过并加热金属丝，使其达到一定温度，此温度和气流的速度有关，此温度通过热电偶产生电势在电表上指示出来
温度	—
相对湿度	—
总挥发性有机物（TVOC）	有机物电离后产生正、负离子，在电场的作用下，形成微弱电流，该电流大小与总挥发性有机物在空气中的含量成正比。通过测量该电流的大小来确定挥发性有机物（TVOC）的浓度
甲醛	采用泵吸入方式，气体样本进入传感器，该传感器为两电极传感器，有一个密封的储气室，经过分析以直读方式将甲醛含量显示出来
氡	通过过滤器取一定体积的空气来收集氡，然后用 α 计数器测量滤料上的放射性，采用 α 潜能法计算出总 α 潜能浓度或各个子体的浓度
氨	气体样本进入该仪器传感器，仪器使用一个 4 电极型电化学传感器，包括一个工作电极和一个活性辅助电极。辅助电极发出的信号用于温度补偿，可增强整个传感器的选择性。传感器响应值和空气中的氨气浓度成正比

三、实验装置及仪器

本实验中所用到的仪器列于表 34-2 中。

测试项目	仪器名称	量程范围	精度
速度	AVM-01 数显风速仪	0~45m/s	±3%或 0.1m/s
温度	RS310 温湿度测量仪	−20~50℃	±0.7℃
相对湿度		0~100%	±2.5%
总挥发性有机物	ppbRAE VOC 检测仪(PGM-7240 型)	0~9999ppb	10%
甲醛	INTERSCAN 4160 甲醛分析仪	0~19.99ppm	2%
氡	RAD7 电子氡气检测仪	0.1~20000 pCi/L	5%
氨	Z-800 氨气检测仪	0~50ppm	0.1ppm

实验设备表　　　　　　　　　　　　　　　表 34-2

四、实验方法与步骤

1. 准备工作

测试前，首先对本次实验涉及的仪器 AVM-01 数显风速仪、RS310 温湿度测量仪、ppbRAE VOC 检测仪（PGM−7240 型）、INTERSCAN 4160 甲醛分析仪、RAD7 电子氡气检测仪、Z-800 氨气检测仪进行熟悉，了解各种仪器的简单操作，直到能正常进行实验测试，具体操作见仪器说明书。

2. 布置测点

在实验选定的房间中，按照布置原则对采样点进行布置。采样点的布置原则如下：

（1）现场检测采样时，采样点应距内墙面不小于 0.5m。

（2）现场采样时，采样点应距室内地面高度 0.8~1.5m。

（3）采样点应避开通风道和通风口

3. 仪器连接及校正

打开实验仪器，按照操作说明，将需要连接的仪器进行连接，并对各仪器进行校正。

4. 采样测试

采样测试分为两部分：

（1）在房间封闭状态下，将各仪器拨到采样档位，进行测试，其中 AVM-01 数显风速仪、INTERSCAN 4160 甲醛分析仪、Z-800 氨气检测仪需要手动记录数据，其他仪器中数据自动保存。一次测试结束，记录测试时间，并重复步骤（3、4），以达到测试次数要求。

（2）对房间进行通风，一段时间后，重复步骤（3、4），对室内各污染物参数进行测试，并记录测试数据及测试时间。

5. 数据传输

测试结束把实验仪器与计算机连接，将测试数据传输到计算机上，进行整理。

6. 关闭仪器

整个实验测试结束，将仪器关闭，放在适当位置。

五、数据处理

1. 对所测试房间进行测量，根据采样点布置原则在房间内布置测点，并绘制房间平面图。

2. 将房间封闭状态下的原始数据记录于表 34-3。

房间封闭状态下原始数据　　　　　　　　　　表 34-3

实验次数 测试指标	1	2	3	4
温度(℃)				
相对湿度(%)				
总挥发性有机物(mg/m³)				
甲醛(mg/m³)				
氡(Bq/m³)				
氨(mg/m³)				

3. 将房间通风状态下的原始数据记录于表 34-4。

房间通风状态下原始数据　　　　　　　　　　表 34-4

实验次数 测试指标	1	2	3	4
风速(m/s)				
温度(℃)				
相对湿度(%)				
总挥发性有机物(mg/m³)				
甲醛(mg/m³)				
氡(Bq/m³)				
氨(mg/m³)				

4. 利用表 34-3、表 34-4 中的原始数据，计算各测试指标的平均值，并根据测试指标平均值，与表 34-5 中相应标准值对比。

室内空气质量标准　　　　　　　　　　表 34-5

指标	单位	标准值	备注
速度	m/s	0.2	冬季适用
		0.3	夏季使用
温度	℃	22~28	夏季适用
		16~24	冬季适用
相对湿度	%	40~80	夏季适用
		30~60	冬季适用
总挥发性有机物 TVOC	mg/m³	0.6	日平均值
甲醛	mg/m³	0.1	1h 均值
氡	Bq/m³	400	年平均值
氨	mg/m³	0.20	1h 均值

5. 根据测量项目，判断测量点的空气质量是否符合国家标准；根据现场测量的温湿度，分析其 ET* 是否在常用的空调设计区域；设计表格，现场进行热感觉和热舒适投票，分析投票结果；要求投票人数不少于 10 人，且记录姓名及投票结果。

六、问题讨论

1. 除实验中测试的几项污染物指标外，还有没有其他影响室内空气品质的污染物？

2. 室内空气品质评价分为主观评价和客观评价，两者有什么区别？我们用到的评价方法属于哪类评价方法？

3. 如果按照国家标准测量，需要测量 19 个项目，试分析现行测量中所面临的难度。

4. 如果可能对外进行室内空气检测的服务项目，而你是检测机构的检测人员，你会向用户推荐哪些检测项目？并说出理由。

实验三十五 圆球法测粒状材料的导热系数

一、实验目的

1. 通过实验，掌握在稳定热流情况下，用圆球法测各种粒状材料的导热系数的方法。
2. 确定导热系数随温度变化的关系。
3. 加深对傅里叶定律的理解。

二、实验原理

球壁导热过程如图 35-1 所示，傅里叶定律应用于球体稳定导热时其热流量：

$$Q = -\lambda F \frac{\mathrm{d}t}{\mathrm{d}r} = \lambda 4\pi r^2 \frac{\mathrm{d}t}{\mathrm{d}r} \tag{35-1}$$

实验证明，当温度变化范围不大时，对绝大多数工程材料的导热系数与温度的关系，可以近似地认为是直线关系：

$$\lambda = \lambda_0 (1 + \beta t_m) \tag{35-2}$$

将式（33-2）代入式（33-1），得：

$$Q = -\lambda_0 (1 + \beta t_m) 4\pi r^2 \frac{\mathrm{d}t}{\mathrm{d}r} \tag{35-3}$$

通过分离变量

$$Q = \frac{2\pi \lambda (t_{1均} - t_{2均})}{\dfrac{1}{d_1} - \dfrac{1}{d_2}} \tag{35-4}$$

$$\lambda = \frac{Q\left(\dfrac{1}{d_1} - \dfrac{1}{d_2}\right)}{2\pi (t_{1均} - t_{2均})} \tag{35-5}$$

式中　$t_m = (t_{1均} + t_{2均})/2$；

d_1、d_2——分别为内球壳的外径和外球壳的内径，m；

$t_{1均}$、$t_{2均}$——内、外球表面平均温度，℃；

λ——材料的导热系数；

Q——热流量，$Q = Iu$（W）；

β——由实验确定的常数

λ_0——材料在 0℃时的导热系数，W/(m·℃)。

由式（35-4）可知，只要在球壁内维持一维稳定温度场，测出它的直径 d_1、d_2、和 $t_{1均}$、$t_{2均}$ 以及导热量 Q 的值，则可由式（35-4）、式（35-5）求出温度，以及 $t_m = \dfrac{t_{1均} + t_{2均}}{2}$ 时材料的导热系数。

为了求得 λ 和 t 的依变关系，则必须测定不同 t_m 下的 λ_m 之值，从而求出式（35-2）中的 λ_0 和 β 值。

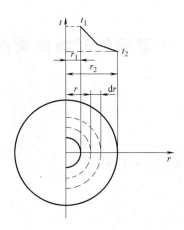

图 35-1　球壁导热过程

三、实验数据记录

将实验数据填于表 35-1 中。

实验数据记录表　　　　　　　　　　　　　　　　　　　　　　表 35-1

t_1		t_2		t_3		$t_{1均}$	t_4		t_5		t_6			电加热器	
mV	℃	mV	℃	mV	℃	℃	mV	℃	mV	℃	mV	℃	℃	电流（A）	电压（V）

实验三十六　中温辐射时物体黑度的测试实验

一、实验目的

用比较法定性地测量中温辐射时物体黑度ε。

二、原理概述

由 n 个物体组成的辐射换热系统中，利用净辐射法，可以求物体 i 的纯换热量 $Q_{net.i}$：

$$Q_{net,i} = Q_{abs,i} - Q_{e,i} = \alpha_i \sum_{k=1}^{n} \int_{F_k} E_{eff,k} \psi_i(dk) dF_k - \varepsilon_i E_{b,i} F_i \qquad (36\text{-}1)$$

式中　　$Q_{net.i}$——i 面的净辐射换热量；

$\qquad Q_{abs.i}$——i 面从其他表面的吸热量；

$\qquad Q_{e,i}$——i 面本身的辐射热量；

$\qquad \varepsilon_i$——i 面的黑度；

$\qquad \psi_i(dk)$——k 面对 i 面的角系数；

$\qquad E_{eff,k}$——k 面有效辐射力；

$\qquad E_{b,i}$——i 面的辐射力；

$\qquad \alpha_i$——i 面的吸收率；

$\qquad F_i$——i 面的面积。

根据本实验的设备情况，可以认为：

1. 传导圆筒 2 为黑体。

2. 热源 1、传导圆筒 2、待测物体（受体）3，表面上的温度均匀（见图 36-1）。

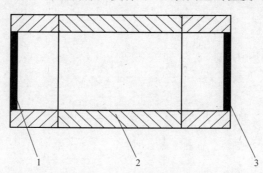

图 36-1　辐射换热简图

1—热源；2—传导圆筒；3—待测物体

因此，式（36-1）可写成：

$$Q_{\text{net},3}=\alpha_3(E_{\text{b},1}F_1\psi_{i,3}+E_{\text{b},2}F_2\psi_{2,3}+\varepsilon_3 E_{\text{b},3}F_3) \tag{36-2}$$

因为 $F_1=F_3$；$\alpha_3=\varepsilon_3$；$\psi_{3,2}=\psi_{1,2}$ 又根据角系数的互换性 $F_2\psi_{2,3}=F_3\psi_{3,2}$，则有：

$$q_3=Q_{\text{net}.3}/F_3=\varepsilon_3(E_{\text{b},1}\psi_{i,3}+E_{\text{b},2}\psi_{1,2})-\varepsilon_3 E_{\text{b},3}$$
$$=\varepsilon_3(E_{\text{b},1}\psi_{i,3}+E_{\text{b},2}\psi_{1,2}-E_{\text{b},3}) \tag{36-3}$$

由于受待测物体 3 与环境主要以自然对流方程换热，因此有：

$$q_3=\alpha_d(t_3-t_f) \tag{36-4}$$

式中　α_d——换热系数；

$\quad\quad t_3$——待测物体（受体）温度；

$\quad\quad t_f$——环境温度。

由式（36-2）、式（36-3）得：

$$\varepsilon_3=\frac{\alpha_d(t_3-t_f)}{E_{\text{b}1}\psi_{1,3}+E_{\text{b}2}\psi_{1,2}-E_{\text{b}3}} \tag{36-5}$$

当热源 1 和黑体圆筒 2 的表面温度一致时，$E_{\text{b},1}=E_{\text{b},2}$，并考虑到，体系 1、2、3 为封闭系统，则有：

$$\psi_{1,3}+\psi_{1.2}=1$$

由此，式（36-5）可写成：

$$\varepsilon_3=\frac{\alpha(t_3-t_f)}{E_{\text{b}1}E_{\text{b}3}}=\frac{\alpha(t_3-t_f)}{\sigma_{\text{b}}(T_1^4-T_3^4)} \tag{36-6}$$

式中　σ_{b}——斯蒂芬—玻尔茨曼常数，其值为 $5.7\times10^{-8}\,\text{W}/(\text{m}^2\cdot\text{K}^4)$。

对不同待测物体（受体）a，b 的黑度 ε 为：

$$\varepsilon_a=\frac{\alpha_a(T_{3,a}-T_f)}{\sigma(T_{1,a}^4-T_{3,a}^4)}$$

$$\varepsilon_b=\frac{\alpha_b(T_{3,b}-T_f)}{\sigma(T_{1,b}^4-T_{3,b}^4)} \tag{36-7}$$

设 $\alpha_a=\alpha_b$，则：

$$\frac{\varepsilon_a}{\varepsilon_b}=\frac{T_{3,a}-T_f}{T_{3,b}-T_f}\cdot\frac{T_{1,b}^4-T_{3,b}^4}{T_{1a}^4-T_{3,a}^4} \tag{36-8}$$

当 b 为黑体时，$\varepsilon_b\approx1$，式（36-8）可写成：

$$\varepsilon_a=\frac{T_{3,a}-T_f}{T_{3,b}-T_f}\cdot\frac{T_{1,b}^4-T_{3,b}^4}{T_{1,a}^4-T_{3,a}^4} \tag{36-9}$$

三、实验装置

实验装置简图如图 36-2 所示。

热源腔体具有一个测温电偶，传导腔体有 2 个热电偶，受体有一个热电偶，它们都可通过琴键转换开关来切换。

四、实验方法和步骤

本实验仪器用比较法定性地测定物体的黑度，具体方法是通过对三组加热器电压的调

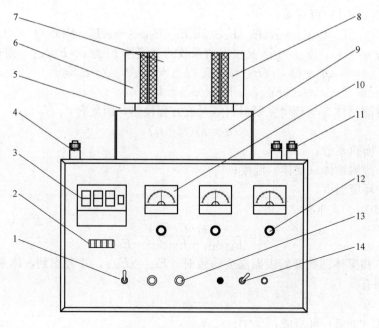

图 36-2　实验装置简图

1—显示仪表与校正电位差计（自备）转换开关；2—测温转换琴键开关；3—数显温度计；
4—接线柱；5—导轨；6—热源；7—传导体；8—受体；9—导轨支架；10—热源及中间
体电压表；11—接线柱；12—调压旋钮；13—测温接线柱（红为＋）；14—电源开关

整（热源一组，传导体两组），使热源和传导体的测量点恒定在同一温度上，然后分别将
"待测"（受体为待测物体，具有原来的表面状态）和"黑体"（受体仍为待测物体，但表
面熏黑）两种状态的受体在恒温条件下，测出受到辐射后的温度，就可按公式计算出待测
物体的黑度。

具体步骤如下：

1. 热源腔体和受体腔体（使用具有原来表面状态的物体作为受体）靠紧传导体。

2. 接通电源，调整热源、传导左、传导右的调温旋钮，使热源温度在 50～150℃
范围内某一温度，受热约 40min 左右，通过测温转换开关及测温仪表测试热源、传
导左、传导右的温度，并根据测得的温度微调相应的电压旋钮，使三点温度尽量
一致。

3. 也可以用电位差计（用户自备）测量温度。用导线将仪器上的测温接线柱 13 与电
位差计上的"未知"接线柱"＋""－"极连接好。按电位差计使用方法进行调零、校准
并选好量程（×1）。

4. 系统进入恒温后（各测温点基本接近，且在 5min 内各点温度波动小于 3℃），开
始测试受体温度，当受体温度 5min 内的变化小于 3℃时，记下一组数据。"待测"受体实
验结束。

5. 取下受体，将受体冷却后，用松脂（带有松脂的松木）或蜡烛将受体熏黑，然后
重复以上实验，测得第二组数据。

将两组数据代入公式即可得出待测物体的黑度 $\varepsilon_{受}$。

五、注意事项

1. 热源及传导的温度不可超过160℃。
2. 每次做原始状态实验时，建议用汽油或酒精将代测物体表面擦净，否则，实验结果将有较大误差。

六、实验所用计算公式

本实验所用计算公式为：

$$\frac{\varepsilon_{受}}{\varepsilon_0} = \frac{\Delta T(T_{源}^4 - T_0^4)}{\Delta T_0(T_{源}'^4 - T_{受}^4)} \tag{36-10}$$

式中 ε_0——相对黑体的黑度，该值可假设为1；

     $\varepsilon_{受}$——代测物体（受体）的黑度；

     $\Delta T_{受}$——受体与环境的温差；

     ΔT_0——黑体与环境的温差；

     $T_{源}$——受体为相对黑体时热源的绝对温度；

     $T_{源}'^4$——受体为被测物体时热源的绝对温度；

     T_0——相对黑体的绝对温度；

     $T_{受}$——待测物体（受体）的绝对温度。

七、实验数据记录和处理（举例）

实验数据如表36-1所示。

实验数据   表36-1

序号	热源 (mv)	传导(mv)		受体(紫铜光面) (mv)	备注
		1	2		
1	15.966	15.967	15.960	4.591	
2	15.964	15.963	15.964	4.588	
3	15.969	15.968	15.967	4.594	
测点平均值(℃)	234+25=259			74+25=99	
序号	热源 (mv)	传导(mv)		受体(紫铜熏黑) (mv)	室温为25℃
		1	2		
1	16.113	16.110	16.107	8.729	
2	16.115	16.114	16.111	8.727	
3	16.110	16.117	16.116	8.737	
测点平均值(℃)	236+25=261			110+25=135	

实验结果

由实验数据得：$\Delta T_{受} = 74$K，$T_0 = (135+273)$K，$\Delta T_0 = 110$K，$T_{源}' = (259+273)$K，

$T_源=(261+273)K$，$T_受=(99+273)K$。

将以上数据代入式（36-9）得：

$$\varepsilon_受=\varepsilon_0 \cdot \frac{74}{110} \cdot \frac{(260+273)^4-(135+273)^4}{(259+273)^4-(99+273)^4}=\varepsilon_0 \cdot 0.58$$

在假设 $\varepsilon_0=1$ 时，受体紫铜（原来表面状态）的黑度 $\varepsilon_受$ 即为 0.58。

镍铬-铜镍（康铜）热电偶（E 型）温度-微伏对照表　　　　附表

温度(℃)	μV 0	μV 1	μV 2	μV 3	μV 4	μV 5	μV 6	μV 7	μV 8	μV 9
0	0	59	118	176	235	294	354	413	472	532
10	591	651	711	770	830	890	950	1010	1071	1131
20	1192	1252	1313	1373	1434	1495	1556	1617	1678	1740
30	1801	1862	1924	1986	2047	2109	2171	2233	2295	2357
40	2420	2482	2545	2607	2670	2733	2795	2858	2921	2984
50	3048	3111	3174	3238	3301	3365	3429	3492	3556	3620
60	3658	3749	3813	3877	3942	4006	4071	4136	4200	4265
70	4330	4395	4460	4526	4591	4656	4722	4788	4853	4919
80	4985	5051	5117	5183	5249	5315	5382	5448	5514	5581
90	5648	5714	5781	5848	5915	5982	6049	6117	6184	6251
100	6319	6386	6454	6522	6590	6658	6725	6794	6862	6930
110	6998	7066	7135	7203	7272	7341	7409	7478	7547	7616
120	7658	7754	7823	7892	7962	8031	8101	8170	8240	8309
130	8379	8449	8519	8589	8659	8729	8799	8869	8940	9010
140	9081	9151	9222	9292	9363	9434	9505	9576	9647	9718
150	9789	9860	9931	10003	10074	10145	10217	10288	10360	10432
160	10503	10575	10647	10719	10791	10863	10935	11007	11080	11152
170	11224	11297	11365	11412	11514	11587	11660	11733	11805	11878
180	11951	12024	12097	12170	12243	12317	12390	12463	12537	12610
190	12684	12757	12831	12904	12978	13052	13126	13199	13273	13347
200	13421	13495	13569	13644	13718	13792	13866	13941	14015	14090
210	14164	14239	14313	14388	14463	14537	14612	14687	14762	14837
220	14912	14987	15062	15137	15212	15287	15362	15438	15513	15588
230	15664	15739	15815	15890	15966	16041	16117	16193	16269	16344
240	16420	16496	16572	16648	16724	16800	16876	16952	17028	17104
250	17181	17257	17333	17409	17468	17562	17639	17715	17792	17868
260	17945	18021	18098	18175	18252	18328	18405	18482	18559	18636

参 考 文 献

[1] 吕崇德主编. 热工参数测量与处理（第二版）[M]. 北京：清华大学出版社，2001.

[2] 高永卫编. 实验流体力学基础 [M]. 西安：西北工业大学出版社，2002.

[3] 方修睦主编. 建筑环境测试技术（第二版）[M]. 北京：中国建筑工业出版社，2008.

[4] 贺平主编. 供热工程（第四版）[M]. 北京：中国建筑工业出版社，2009.

[5] 孙一坚主编. 工业通风（第四版）[M]. 北京：中国建筑工业出版社，2010.

[6] 赵荣义主编. 空气调节（第四版）[M]. 北京：中国建筑工业出版社，2009.

[7] 彦启森主编. 空气调节用制冷技术（第四版）[M]. 北京：中国建筑工业出版社，2010.

[8] 沈小雄主编. 工程流体力学实验指导 [M]. 长沙：中南大学出版社，2009.

[9] 刘小华主编. 热工基础实验教程 [M]. 大连：大连理工大学出版社，2012.

[10] 同济大学主编. 锅炉习题实验及课程设计（第二版）[M]. 北京：中国建筑工业出版社，1990.

[11] GB 50325—2010. 民用建筑工程室内环境污染控制规范 [M]. 北京：中国计划出版社，2011.

[12] 曲建翘主编. 室内空气质量检验方法指南 [M]. 北京：中国标准出版社，2002.